百款好麵
涼、拌、湯、炒，一次學會!

最愛吃麵

身為北方人的我，在多種麵食中，最愛的就是麵條。幾天沒吃到麵，還真會想念呢！無論是快速的拌一碗麵或是找一些材料煮一鍋湯麵，都能解饞、吃得津津有味。煮湯麵要有好料或是好的湯頭，才會好吃，但是拌麵則不然，無論是熱拌的乾拌麵或是涼拌的涼麵，都要簡單、清爽的多，而美味卻是不減。

變化豐富的涼麵、拌麵

看韓劇「大長今」其中有一段皇上帶領貴族大臣打獵，因為胃口不好，打完獵不想吃米飯而要吃冷麵，為了調製清爽又好喝的冷麵湯頭，著急的御廚房宮女找了泡菜汁和山泉水來做湯底，再加糖、鹽來調配。的確，在我三次去韓國教課、遊玩的時候，除了烤肉、石頭飯、蔘雞湯外，對韓國冷麵的印象也是特別深刻，冰涼、香、甜、酸辣的湯汁，配上硬又Q的麵條，真是愛極了！

的確，日本及韓國的涼麵和我們中式涼麵最大的不同就是帶有湯汁，日式的高湯醬汁以柴魚、昆布、淡口醬油來調製，韓式的則以冰過完全去油的肉湯為主，各有勝場。傳統中國式涼麵種類並不多，倒是加了不同菜碼的拌麵，可以有很多變化，簡單以蔥、蒜等辛香料加調味料來拌，或是以炒過的葷、素料來拌，都可以有不同的滿足。另外，南洋風味和義大利風味的調味料也都各具有吸引人的特色。

做涼麵，麵條的選擇其實可以很隨意，細至麵線、粗則可以選擇烏龍麵，除了一般可見的中、西式麵條之外，其他如蒟蒻絲、涼粉切絲、河粉、米線，都可以用各種喜愛的調味料來拌著吃，做涼麵的麵條，如果煮後是現吃的話，可以用水快速沖涼、或用冰塊冰鎮，以保持口感。台式涼麵慣用油麵，而川味涼麵則是拌油後立刻吹涼，以保持麵條的Q度。重點是麵條不要煮得太軟爛，但也不能夾生有硬心。

暖心暖身的首選 湯麵

再說到湯麵，對愛喝湯的我來說，一碗熱呼呼的湯麵才是最過癮的。湯麵要做的好吃，湯頭當然是關鍵之一，但好的湯底不一定要用大骨來熬製高湯，雖然不可諱言，有了清湯或高湯，的確會對湯麵有加分效果，但除了費時熬製的高湯之外，利用炒香的材料、烹香的調味料和增香的辛香料，炒過麵碼之後，只要對入清水，一樣能使湯頭有香氣和鮮味，進而做出好吃的湯麵。

當然有些麵，像是「牛肉麵」、「日式拉麵」、「切仔麵」、「蚵仔麵線」這一類的湯麵，需要有好湯頭才能做的好吃，但是像「榨菜肉絲」、「雪菜肉末」、「三鮮湯麵」、「家常湯麵」、「熗烹麵」一類只要炒香麵碼、加水煮過，一樣可以做出好滋味的麵，這些才是我最愛、也最常做的湯麵，因為隨時要吃都可以快速做好。

湯頭之外，麵條的選擇就依個人喜好了，我自己偏愛細麵，覺得它能吸附湯的滋味；有人喜歡拉麵和刀削麵的嚼勁；而廣東、香港一帶卻偏好加了鹼的硬麵條，小時候常看奶奶和媽媽自己擀麵，再切成刀切麵或做成小把拉麵給爺爺和爸爸吃，我想對麵條的喜愛，是和地域有關，習慣使然罷了！重要的是煮麵時水的量要多些，同時千萬不要煮過頭，因為麵條無論是浸泡在湯中或是要回鍋再炒過，都會因為吸到湯汁而再膨脹、軟化的。

承載深刻記憶的湯麵

在我收集的45道湯麵食譜中，最有感情的是「四季紅魚麵」。這道麵是爸爸在晚年生病時，因為沒有胃口，我為他做的一道湯麵。製作時，先把剛煮熟的紅魚小心取下肉來，以保持魚肉的鮮味，再將魚骨和魚肚子去熬煮成鮮美的魚湯，過濾後在湯中再添加切成絲的四季豆，取其清甜滋味，並把細麵條煨煮一下、使麵條入味，最後再放入紅魚肉，一條紅魚只做成一碗麵，希望它能維持爸爸的體力。爸爸去世後我很少做這道麵，因為它往往使我想起爸爸而落下淚來。這次把這道麵的做法公布在食譜裡，和讀者朋友們一起分享紅魚麵的鮮美。

結婚之後看婆婆煮麵，覺得和我們北方人的麵最大不同之處是湯頭，每次家中有人過生日，她無論煮大肉麵、豬腳麵或排骨麵，都是在碗中加醬油、鹽和麻油，再沖下熱開水做湯底，而麵條則一定要順一下、排放在碗中，再把肉放在上面，她說肉類已經夠味道了，不需要再用高湯。的確，吃了肉之後喝清爽的湯，就一點都不膩了。

好吃、種類豐富繁多的麵，往往充滿幸福的記憶，希望你和我一樣喜歡它！

程安琪

目錄
Contents

川味雞絲
拌涼麵

雪菜肉末
拌麵

香菇
拌麵

異國風味
涼、拌麵

雞絲
冷湯麵

泡菜
冷麵

培根蘆筍
涼麵

暖心暖胃
湯　　麵

四季
紅魚麵

燴烹麵

菜肉鮮蝦
餛飩麵

人氣特色湯麵

清燉
牛肉麵

魷魚
羹麵

噴香惹味炒麵

蝦仁
炒麵

關於麵條

認識涼麵麵條

中式涼拌麵：適合拿來做中式涼拌麵的麵體包括：油麵、陽春麵、雞蛋麵、麵線……。煮的時候切記火大、水多，麵條不要煮得太軟，因為起鍋後要過冰水，口感才會好。

日式涼麵：日式涼麵最常用的是蕎麥麵、烏龍麵和細麵(以小麥麵粉製成，另外還有添加綠茶、雞蛋、梅汁做成4種顏色)，各有不同的口感，可以依喜好挑選。

韓式冷麵：韓式涼麵麵條、韓國麵線或蕎麥麵，都是經常用來做韓國涼麵的麵體選擇，可以到韓國食材行選購。

西洋涼麵：傳統的西洋飲食中沒有涼麵，近年來受東方料理的影響，義大利涼麵開始受到歡迎，各式義大利麵條，從最普遍的spaghetti、最細的天使髮絲，到蝴蝶麵、通心管麵、貝殼麵、螺旋麵都可以拿來做涼麵麵體。

南洋涼麵：河粉、麵線、米線、粿條都很適合拿來做為南洋涼麵，配上醬汁營造出濃濃的椰島風情。

認識湯麵麵條

湯麵的口感粗細隨個人喜好，目面市面上的麵條種類繁多，一般來說細麵能吸附湯的滋味；拉麵和刀削麵有嚼勁；廣東、香港一帶，偏好加了鹼的硬麵條。一般常用做湯麵或炒麵的麵條有港式生麵(寬)、關廟麵、港式生麵(細)、拉麵(粗、中、細)、油麵、雞蛋麵、新鮮雞蛋麵、扁麵、五木乾麵、意麵、烏龍麵、雜糧麵、白麵線、陽春麵(細)、陽春麵(粗)、紅麵線……等。一般女生的胃口約吃120~150公克的麵條、男生則在150~200公克之間。

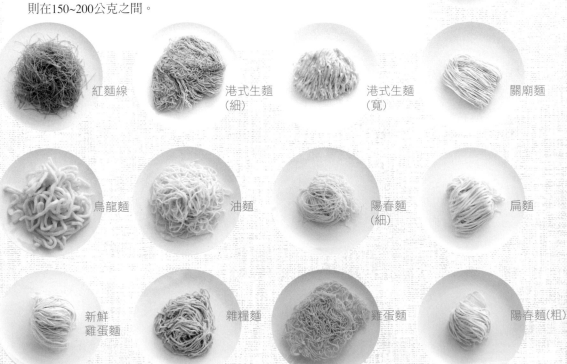

拉麵(粗、中、細)

五木乾麵

白麵線

意麵

紅麵線

港式生麵(細)

港式生麵(寬)

關廟麵

烏龍麵

油麵

陽春麵(細)

扁麵

新鮮雞蛋麵

雜糧麵

雞蛋麵

陽春麵(粗)

做出好吃的麵

一盤好涼麵5大關鍵動作：1煮、2沖、3泡、4瀝、5拌

煮麵要訣

水要多、火要大，煮滾後，將乾麵條分散的放入水中，並用筷子挑散開，以大火煮到滾，加入1杯冷水再煮，再滾時再加，視麵體加1~2次冷水。因每家麵廠生產的麵條有不同的特性，要依照包裝袋上的使用說明來決定加水的次數。

沖去麵條上的黏性

煮熟的麵條撈出後用冷開水沖洗，徹底洗去麵條上的澱粉黏性，涼拌後吃來口感才會爽Q。

泡冰水使麵條有Q勁

要保持麵條的QQ口感，也可以將煮好的麵條浸泡在冰開水中，讓它快速降溫，浸泡時間不宜太短也不能太長，大約1分鐘左右，既讓麵涼透，又不會吸入過多水分變得軟爛。

瀝乾水分

泡過冰水的麵條要放在網篩中徹底瀝乾水分，瀝乾後儘快拌食，否則放久了麵條容易結成塊狀。

拌油避免結塊

如果煮好了涼麵不馬上食用，一定要趕快拌入食用油，以免沾黏和乾硬，油的味道最好清淡，像葵花油或蔬菜油，以免影響醬料。中式涼麵可以用一比一的麻油和沙拉油將麵條拌過，置於陰涼通風處(但不可放在冰箱)。

一碗好湯麵
缺一不可的關鍵

湯頭

湯麵好吃的重要關鍵除了熬製高湯，利用炒過的麵碼對入清水，一樣能讓湯頭鮮香有味。

調味料

最常使用的有鹽巴、醬油、香油、醋和胡椒粉，除此之外，烹煮海鮮湯麵時，別忘了熗入米酒，有助壓腥提鮮。

麵條

揀選憑個人喜好，重要是煮麵火候的拿捏，千萬別煮過頭，以免失以了咬勁。煨麵最好煮7分熟起鍋，再放入高湯中煨煮入味。

醬料&配料

可以為一碗麵錦上添花。醬料可先熬製好；有些配料下鍋前要先川燙，有些要炒過，稱為麵碼。

教你聰明調醬汁 在調拌涼麵醬汁時要注意的是糖和鹽，因為不容易溶化，常會先做成鹽水或糖水來用，或改用較易溶化的棉糖、果糖。大蒜和薑則會磨成泥，再加水調成蒜水或擠成薑汁來用。

麵的最佳搭擋
畫龍點睛的配角

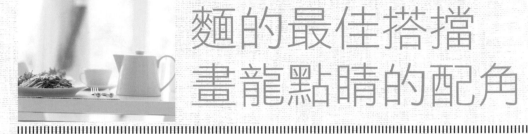

蒜泥 涼拌麵和湯麵中經常用到的辛香料，可直接加入麵裡提香，新鮮大蒜以磨板磨成泥，加入3倍飲用水即成蒜泥。最好現做現吃。

蔥花 涼拌麵和湯麵都會用到蔥花提味，要注意選蔥白和青蔥交接較嫩的部位，近尾端的蔥管纖維粗，黏液多，不建議使用。

香菜 涼拌麵和湯麵中常會用到的香料，學名芫荽，港人稱芫茜，是很常見的台式herb，由於葉片遇熱會使香氣減弱，多半切碎直接撒在麵上。

九層塔 或紫蘇葉，涼拌麵和湯麵中都經常用到九層塔，台灣人也經常加進羹湯類的麵裡。九層塔與越南及泰國料理也非常對味。日本涼麵則愛用紫蘇葉，強烈而明顯的香氣能引動出麵的不同風味。

紅蔥頭 將紅蔥頭切薄片，放入冷油中慢慢加熱，小火炸至金黃，連油帶蔥酥使用，可使麵更有風味。買現成紅蔥酥需注意新鮮度，不可有油耗味。

辣椒 紅色的辣椒經常被選用來做爲料理配色，切圈或切丁後入鍋和薑蒜爆香，可以提起高湯的香氣，也可以直接和麵碼一起炒香，做爲增香添色的辛香料。

麵條、湯頭自己來

教你自己動手做麵條

即使沒有製麵機，在家只要揉好麵糰，醒20分鐘，再擀開用刀切，馬上就可以變出好吃的新鮮麵條，現做現切現煮，吃來香Q又有勁道，比乾麵條帶勁多了。

材　料

◆中筋麵粉2杯(1杯約130公克)

◆水200cc

◆鹽1/2茶匙

教你煮出各種好高湯

湯頭是一碗湯麵的靈魂，好的高湯賦予湯麵更生動的味覺表情，即使吃完，餘味依然繚繞。

牛高湯

在家煮牛高湯，一般不會像西餐那樣，把牛骨先放入烤箱烤至焦黃又有香氣，只要在煮牛肉湯時，多買幾塊牛骨頭一起熬煮，就能使湯頭更鮮美。但牛肉氣味較重，煮牛肉湯時可以多加些辛香料去腥，例如加1顆八角、1~2片月桂葉，或西式手法中常用的蔬菜束—西芹、胡蘿蔔、洋蔥，都可以去腥增香。

昆布柴魚高湯

用乾紙巾將剪成4~5公分長的昆布擦乾淨，取大約2~3片浸泡在6杯水中，待其漲開，顏色已溶入水中時，開火，煮至剛要滾起時，放下一把柴魚片便關火，待柴魚沈到鍋底，用一個鋪了紗布的篩子過濾出湯汁。日式烏龍麵多以柴魚味做為湯底，要簡單一點也可以用柴魚風味的醬油取代，或直接用一點柴魚粉。

揉麵

麵粉加水及鹽和勻揉成光滑的麵糰，蓋上濕紙巾醒20分鐘。

成一大片薄麵皮

切成條狀

口邊撒麵粉

順好，並將麵條抓開

動手做麵條

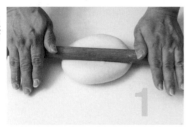

鬆弛好的麵糰用麵棍撢開

麵皮一端拉起，順勢摺疊成4、5層

水滾就可以下麵條

雞高湯

①準備2~3付雞骨架，鍋裡先燒開滾水，放下雞骨架，煮至水再滾起，取出雞骨清洗乾淨備用。

②另外再煮滾約10杯水，放下川燙過的雞骨架、2支蔥、2片薑，倒入2大匙米酒，以大火先煮開，改小火慢慢熬煮1個半小時到2小時。把雞湯過濾，放涼。

③將熬好雞高湯分裝成數小盒或小袋，放入冷凍庫保存，隨時要用，取出解凍即可使用。

魚高湯&海鮮高湯

家常易取得的是鱈魚的皮和魚骨，或是在大賣場買到整盒魚骨，可以利用來熬高湯。無論用魚骨或蝦頭做海鮮高湯，都要用爆香的蔥和薑一起先炒一下，淋下酒烹香後再加水去煮，煮滾後改小火熬煮20~30鐘，濾去渣質即可。

豬骨高湯

豬骨先以滾水川燙，洗淨備用。另外再煮一鍋水，放下川燙過的豬大骨、蔥、薑、米酒，和1茶匙醋(醋可幫助骨中的鈣質釋出)一起熬煮，爐火不須太大，但要讓湯保持在滾動的狀態，才能煮出香氣和滋味。

中式經典
涼、拌麵

香麻有勁的芥汁海鮮涼麵、
麻醬涼麵，
酸辣辛香的醋滷麵、
紅油燃麵，

清爽不膩的青蔬拌涼麵、
蔬菜涼麵捲，
味美料豐的什錦涼麵、
蝦腰拌麵，

中式涼麵，
就是要讓你大呼過癮！

020

024

028

035

040

芥汁海鮮
涼麵

豐富的海鮮配料，清淡的蛋皮絲，
脆口的黃瓜絲，加上有勁道的麵條，
再配上嗆衝的醬汁，攪拌在一起，
絲絲清爽鮮香，頓時無所不在！

材料

細麵200公克
新鮮魷魚1條
海參1支
蝦仁10隻
黃瓜1支
蛋1個
蔥1支
香菜1支

調味料

芥末粉1大匙、芝麻醬1大匙、淡色醬油1大匙、麻油 1/2 大匙、鹽 1/4 茶匙、糖 1/2 茶匙、胡椒粉少許

做法

1　新鮮魷魚在內部切花紋,分割成小塊。

2　海參切成粗條;蝦仁沖洗乾淨後在背上剖一刀,抓拌少許鹽和太白粉。

3　蛋打散,煎成一張蛋皮,切成絲;黃瓜洗淨也切絲;蔥切蔥花;香菜切碎。

4　芥末粉加少許溫水或米酒調成糊狀,蓋上一個盤子燜10~15分鐘,以產生衝辣氣。

5　另一個碗中將芝麻醬用醬油及冷開水慢慢的調稀,再加入芥末醬和其他的調味料調勻,加入蔥花和香菜。

6　麵條煮熟,撈出、沖涼,瀝乾水分後放在大碗中,再排上黃瓜絲和蛋皮絲。

7　將海鮮料在滾水中燙熟,堆放在麵條上,淋下調味汁,拌勻即可。

安琪老師的小叮嚀

芥末的嗆辣讓涼麵吃來特別夠勁,不同的芥末帶來不同的嗆辣效果,食譜中用的是黃色芥末粉,也可以選用綠色山葵來拌。如果嫌芥末粉不夠衝辣,不妨再加少許芥末油,提升嗆辣勁兒。

川味雞絲涼麵

材料

雞胸肉1片
綠豆芽200公克
雞蛋麵300公克
花生米1大匙

調味料

①麻油1大匙、油1大匙
②芝麻醬2大匙、醬油2大匙、冷開水4大匙、醋1/2大匙、糖1茶匙、蒜泥1茶匙、薑汁1/2茶匙、辣椒油1/2大匙、麻油1/2大匙、花椒粉1/3茶匙、蔥花1大匙

做法

(1)雞胸煮熟，放涼後切成細絲；豆芽燙熟後撈出，沖涼後擠乾，放在盤底。

(2)麵條放入滾水中煮熟，撈出放在大盤子裡，淋下調味料①拌勻，快速吹涼，放到豆芽上，上面再放上雞絲。

(3)小碗中先將芝麻醬用醬油及冷開水慢慢的調稀，再加入其他的調味料②調勻，淋在涼麵上，撒上切碎的花生米即可。

安琪老師的小叮嚀
拌醬汁的糖最好先調成糖水，或用棉糖、果糖比較容易溶化，用細砂糖要放置一會兒，使糖先溶化。

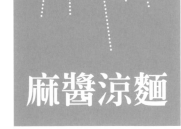

麻醬涼麵

材料

油麵或雞蛋麵300公克　　胡蘿蔔1小段

綠豆芽200公克　　　　白芝麻2大匙

黃瓜1支

調味料

①芝麻醬2大匙、淡色醬油2大匙、冷開水3~4大匙、醋1茶匙、糖2茶匙、蒜泥1茶匙、麻油1/2大匙

②醬油2大匙、醋1大匙、糖1大匙、水4大匙

做法

(1)麵條煮熟，快速用冰水沖涼，瀝乾水分，放入碗中備用。

(2)綠豆芽放入滾水中川燙，撈出後沖涼，擠乾水分。

(3)黃瓜和胡蘿蔔分別切細絲；白芝麻在乾鍋中以小火炒香，盛出放涼，略壓碎。

(4)芝麻醬中分次加入醬油和水調稀，再加入其他調味料①調勻。

(5)另一個碗中調勻調味料②。

(6)麵條分裝到4個深碟中，先淋下1/4量的調味料②，再將黃瓜、胡蘿蔔絲和豆芽放在麵條上，淋下調好的芝麻醬汁，撒下芝麻即可。

安琪老師的小叮嚀

1.芝麻醬不易調開，最好用少量冷開水一點一點加入，將稠厚的芝麻醬調開。

2.調芝麻醬時不要貪快而用熱水去調，以免芝麻的香氣遇熱快速散逸。

3.麻醬遇熱會變稀且散失香氣，因此煮好的麵條一定要泡入冰水中徹底降溫後，再拌入麻醬調味汁。

三合油拌麵

材料

細麵300公克
滷牛腱200公克
黃瓜1支
高麗菜150公克

蔥1支
香菜1支
紅辣椒1支

調味料

麻滷汁或醬油2大匙、醋1大匙、糖1茶匙、鹽1/2
茶匙、大蒜泥1茶匙、麻油1/2大匙、水4大匙

做法

(1)高麗菜洗淨,切成細絲,用冰水泡10~15分鐘,瀝乾水分。

(2)麵條煮熟,快速用冷水沖涼,瀝乾水分,放入高麗菜絲上。

(3)滷牛腱切條;黃瓜切絲,分別排放在麵條上。

(4)蔥切成細蔥末;紅辣椒去籽,切碎;香菜略切。

(5)碗中將調味料調勻,放入蔥末和紅椒末,調成涼麵醬汁,淋在麵條上,放上香
菜末點綴。

安琪老師的小叮嚀

1.三合油可以說是涼拌醬的基礎,醬油、醋、麻油的黃金比例是
2:1:1,配上適量糖、鹽,做涼拌菜好吃,拌涼麵也很討喜。
食譜中做的是蒜味涼麵,所以加入了大蒜泥提味。
2.除了滷牛腱之外,也可以用現成滷好的豬腱子肉、燒鴨、油雞
等,切成絲來拌。

材料	蟹肉棒2~3支	豌豆片12片
	豬肉1塊	蒟蒻絲1包

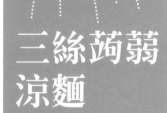

三絲蒟蒻涼麵

調味料

煮肉料：蔥段1支、薑片2片、酒1大匙、醬油1大匙、鹽少許

調味料：芝麻醬1大匙、醬油2大匙、醋2大匙、糖1大匙、冷清湯或冰水1/2 杯、麻油 1/2 大匙、大蒜泥1茶匙、薑汁少許

做法

(1)蒟蒻絲用水多沖洗幾次，剪短一點，用滾水川燙一下，撈出、沖涼，瀝乾水分，拌上少許麻油。

(2)蟹肉棒撕散，豌豆片摘好，在滾水中川燙一下，撈出、沖涼，切成粗絲。

(3)豬肉放入鍋中，加煮肉料，煮至熟透後放涼，切成絲。

(4)蒟蒻絲和三種配料一起裝盤。

(5)醬油和醋先分次加入芝麻醬中調勻後，再加入其他調味料一起調勻，淋在蒟蒻絲上。

安琪老師的小叮嚀

1.也可以買現成滷好的豬腱子肉、燒鴨、油雞等切成絲來拌。

2.用柚子醋或其他水果醋可以增加風味，或者加 1 大匙檸檬汁取代醋。

什錦涼麵

材料　細麵300公克　　　　黃瓜1支
　　　雞胸肉1片　　　　　蛋1個
　　　豬前腿肉1塊(約250　魚板1塊
　　　公克)

調味料　①芥末粉1大匙、醬油3大匙、醋3大匙、糖2大匙
　　　　清湯5大匙、麻油1/2大匙、薑汁少許
　　　　②麻油1大匙、油1大匙

做法
(1)前腿肉放入滷湯中滷熟，關火、泡在滷湯中至涼，取出切成絲。

(2)雞胸煮熟，放涼後切成細絲；黃瓜、魚板分別切絲；蛋打散，煎成蛋皮切成絲。

(3)芥末粉加適量溫水調勻，蓋好，放置20分鐘左右，使芥末粉衝出辣氣，再加入其他調味料①調勻。

(4)麵條入滾水中煮熟，撈出放在大盤子裡，淋調味料②，快速吹涼，放在盤子上。

(5)再將其他絲料排放在盤子旁，附醬汁上桌。

安琪老師的小叮嚀

1.滷湯做法：清湯5杯、醬油2/3杯、酒3大匙、冰糖2茶匙、蔥1支、五香滷包1個一起煮滾後改小火煮1~2分鐘，取出五香包即可用來滷各種材料。

2.這也是三合油的拌麵變化，口味比較清爽，而且配料特別豐富，在家吃可以從多樣配料中任選三、四種來拌。

材料	細麵200公克	韭菜8支
	絞肉50公克	蔥2支
	蝦仁80公克	薑末1茶匙

醋滷麵

調味料

①蛋白、鹽、胡椒粉、酒、太白粉各少許
②花椒粒2大匙、醬油1茶匙、冷高湯1/2杯、
鹽1/2茶匙、酒1茶匙、鎮江醋1大匙

做法

(1)蝦仁用調味料①拌勻,醃20~30分鐘,過油炒熟後,放入冷開水中漂洗一下,
以減少油分,再依蝦仁的大小切成小塊。

(2)韭菜切成2公分段,在熱水中快速燙一下,立刻撈出。

(3)鍋中用3大匙油將花椒粒以小火炒香,撈棄花椒粒,放下絞肉炒熟、炒乾,滴
下醬油調味,盛出放涼。

(4)冷高湯加鹽調拌、溶化後加入酒,最後加入醋調勻,再放入蝦仁、韭菜和絞肉
拌勻,做成澆頭。

(5)麵條以多量的水煮熟、撈出,再用冷開水沖涼,洗清黏液,放在盤子裡,淋下
麵的澆頭,拌勻即可。

安琪老師的小叮嚀

這是一道傳統北方風味的涼麵,帶有較多的湯汁,鎮江醋讓麵條吃來更
爽口,用花椒油炒過的絞肉和韭菜、蝦仁製成澆頭,豐富了麵的口感。

青蔬拌涼麵

材料

細麵200公克　　　　西生菜絲1杯
金針菇1/2包　　　　綠豆芽1杯
小黃瓜1/2支　　　　蛋1個
新鮮金針菜1/2杯　　火腿絲適量

調味料

冷高湯1/3杯、醬油1茶匙、糖1茶匙、醋1大匙、
辣油1茶匙、花椒油 1/2 大匙、鹽水1大匙

做法

(1)金針菇剪掉根部，快速沖洗一下；金針菜和綠豆芽分別洗淨。

(2)鍋中燒滾5杯水，分別將3種蔬菜燙一下，撈出、瀝乾水分。

(3)蛋打散，煎成蛋皮後，切絲。

(4)黃瓜和西生菜分別切絲，泡入冰水中，約5~10分鐘，瀝乾水分。

(5)麵條用多量的水煮熟，撈出沖冷開水，洗去黏液，瀝乾水分。

(6)調味汁在碗中調好，先用一半量的調味汁和麵條拌勻，盛放盤中，再將各種蔬菜、蛋皮絲、火腿絲和剩下的調味料拌勻，放在盤中的麵條上。

安琪老師的小叮嚀

冷高湯可以用雞高湯，先熬好放在冰箱，濾去浮油，要用時從冰箱取出，
置於室溫下回溫，就可以和辛香料調成醬汁。

材料

細麵200公克
小白菜葉(或青江菜、菠菜)10張
白芝麻1大匙

調味料

①醬油1大匙、橄欖油1大匙
②花椒粒1大匙、細蔥花2大匙、薑汁2茶匙、
淡色醬油2大匙、醋1大匙、糖1/2茶匙、麻油
1/2大匙

蔬菜
涼麵捲

做法

(1)小白菜摘取外層大片葉子，鍋中煮滾5~6杯水，加入1/2 茶匙鹽，放下菜葉，快
速燙3~5秒鐘就夾出，放入冰水中沖涼、瀝乾。

(2)白芝麻在乾鍋中炒香；盛出、放涼。

(3)滾水中將麵條煮熟，撈出沖涼，拌上調味料①，包捲到菜葉中，整捲或切成兩
半，排入盤中，撒上白芝麻。

(4)用1大匙油將花椒粒炒香，關火，過濾出花椒油到碗中，再加入調味料②調
勻，做成沾汁。

(5)涼麵捲附上沾汁上桌沾食。

XO醬
涼拌麵

材料 細麵200公克
菱白筍2支
綠蘆筍6~8支

調味料 鹽1茶匙、XO醬2大匙、醬油1大匙、麻油1茶匙

做法

(1)菱白筍整支放入少量的水中煮熟或蒸熟,約8~10分鐘,取出、沖涼後放入冰箱中冰鎮30分鐘,切成條。

(2)蘆筍切斜段;碗中將XO醬和醬油、麻油調勻。

(3)鍋中煮滾8杯水,加入1茶匙鹽,放下蘆筍燙熟,撈出、沖涼,瀝乾。

(4)再把麵條放入滾水中,水滾後加1次冷水,將麵條煮熟,撈出、沖涼,放入碗中。

(5)菱白筍和蘆筍都放入碗中,淋XO醬和麵條一起拌勻,裝盤後可再加些XO醬。

**紅油
涼麵線**

材料　　細麵線200公克
　　　　生菜葉2片
　　　　榨菜1小塊
　　　　辣椒粉少許

調味料　紅油1/2 大匙、甜醬油1大匙、醋1/2大匙、鹽
　　　　1/4茶匙、蒜泥水1/3茶匙、麻油1/4茶匙、細蔥
　　　　花1/2大匙、花椒粉少許、水1/3杯

做法　　(1)調味料調好，分盛兩個碗中。

　　　　(2)生菜切絲；榨菜切細條。

　　　　(3)將麵線煮熟，用冷水沖涼，瀝乾水分。

　　　　(4)將冷卻的麵線和生菜盛入調勻的調味料碗中，撒下榨菜絲和辣椒粉即可。

安琪老師的小叮嚀

甜醬油和紅油的做法請參考第29頁。

紅油燃麵

紅油油的燃麵，
香味撲鼻、辣麻相間、味美爽口。
每次夾起麵條，都像川劇中的變臉，
每一口嘗來都滋味無窮，
香麻與辛辣的變化，都在一瞬間。

材料　細麵200公克

調味料

甜醬油料
醬油2杯、糖1¼杯、酒1/2杯、蔥2支、薑2片、八角2顆、陳皮1小塊、花椒粒1/2大匙、桂皮1片
紅油料
花椒粒1/2大匙、蔥1支、薑2片、麻油2大匙、辣椒粉2大匙、白芝麻1大匙
拌麵料
紅油1/2大匙、甜醬油1/2大匙、醋1/2大匙、鹽1/4茶匙、蒜泥水1茶匙、蔥花 1 大匙

做法

1　甜醬油的所有材料全部放在小鍋中，以小火熬煮15分鐘左右，過濾後放涼即為甜醬油，裝瓶後可隨時取用。

2　鍋中放1½ 杯油，加入花椒粒、蔥段和薑片一起加熱，待蔥、薑已焦黃，關火，略放置2~3分鐘。碗中放辣椒粉(隨個人喜好增減)、麻油和白芝麻，沖下熱油，放至油冷卻，過濾後即為紅油。

3　碗中調好拌麵料，麵條煮熟，挑適量麵條放碗中，拌勻即可。

安琪老師的小叮嚀

紅油燃麵是道地四川味。自己在家熬紅油，要注意爆香花椒和蔥段、薑片時,爐火不可太大，以免把花椒爆焦，會泛苦，要用中小火慢慢加溫將花椒的香氣釋放到油中，再趁熱沖進辣椒粉和白芝麻中，激出紅油的香氣。

沙茶豬肉拌麵

材料	火鍋豬肉片150公克	細麵200公克
	蔥2支	香菜少許
	黃瓜1支	白醋(或檸檬汁)數滴

調味料
①鹽、太白粉各少許
②沙茶醬1½大匙、醬油1/2大匙、糖1/2茶匙、鹽1/4茶匙、清湯或水 2/3 杯

做法

(1)豬肉片用水沖洗一下，洗去血水，瀝乾，加入調味料①抓拌一下，醃2~3分鐘。

(2)黃瓜切絲；蔥切段；香菜切短。

(3)鍋中煮滾開水，放入麵條煮熟，撈出後放碗中。

(4)起油鍋用1/2 大匙油爆香蔥段，改小火，放入調味料②，煮滾後將豬肉片舖在鍋中，開大火一滾，用筷子把肉片攪散。

(5)見肉片已熟即關火，先將湯汁淋在麵條上拌勻，再放上肉片和黃瓜絲、香菜段，滴下幾滴白醋或檸檬汁。

安琪老師的小叮嚀

用沙茶醬拌麵很方便，但一定要記得用油爆香蔥段，再放下沙茶醬和調味料，藉此激出沙茶的香氣，拌起麵來才會更有香氣。

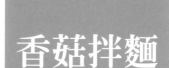

香菇拌麵

材料　細麵300公克　　　　毛豆或青豆2大匙
　　　　香菇5朵　　　　　　蔥1支

調味料
蒸香菇料
醬油2茶匙、糖1/2茶匙、油1/2茶匙、水1杯
調味料
①太白粉1大匙
②香菇醬油2大匙、酒1茶匙、糖1/2茶匙、蒸
香菇水1/4杯、太白粉1/2茶匙、麻油數滴

做法

(1)香菇用水泡軟，剪去菇蒂，加入1大匙太白粉抓洗，再用清水沖洗乾淨，沒有
　黑色渣子掉落，瀝乾水分。

(2)香菇放在碗中，加蒸香菇料一起蒸20分鐘，取出放涼，切成粗條。

(3)毛豆煮熟，若用冷凍青豆，也放入滾水中川燙一下。

(4)起油鍋，用約1大匙的油將蔥段爆香，放入調味料②、香菇和毛豆一起煮滾。

(5)麵條用多量的水煮熟，撈出，放在大碗中，淋下香菇汁拌勻。

安琪老師的小叮嚀

這道拌麵中香菇是主角，最好選厚身一點的花菇，花菇加蒸香菇料一起
放進電鍋中蒸，菇身才會入味，也可以用相同的調味料改用滷煮方式讓
香菇入味。

蝦腰拌麵

在餐廳，
蝦腰麵是老饕級才懂得點的麵食，
熱呼呼的醬料炒好做成澆頭，
淋在微涼的麵條上拌食，
鮮香滿口，
滋味一絕！

材料

細麵300公克　　　　　豌豆15片
蝦仁150公克　　　　　蔥1支
腰子1個　　　　　　　薑1小塊
筍子1/2支

調味料

①鹽1/4茶匙、太白粉2茶匙、蛋白1大匙

②酒1茶匙、醬油2大匙、糖1/4茶匙、薑汁1茶匙、清湯1/2
杯、太白粉 1 茶匙、麻油數滴

做法

1　蝦仁洗淨，瀝乾水分並以紙巾盡量吸乾，加調味料①拌勻醃
　　20分鐘。

2　腰子剖開，片去內部筋脈，清洗一下，在正面劃切刀紋，再
　　分切成塊，泡在水中，多換幾次水，直至水清澈不混濁，瀝
　　乾水分。

3　筍煮熟，切片；豌豆片摘好，燙熟。

4　麵條煮熟，撈出、放入碗中。

5　煮滾 6 杯水，加入少許酒，放入腰子，小火燙至熟，撈出。

6　油1杯燒至8分熱，放入蝦仁過油，變色時撈出。油倒出，留
　　下約2大匙油爆香蔥段和薑片，放下筍片、豌豆片、腰花和
　　蝦仁，大火快炒數下，淋下調好的調味料②炒勻，澆在麵條
　　上，拌勻即可。

安琪老師的小叮嚀

蝦腰麵是一道考驗火候掌控的菜餚，要如何炒出脆嫩腰
花？美味的關鍵在腰子的前處理必須仔細，筋脈要去乾
淨，並多換幾次水徹底清洗，避免尿騷味。烹調時，更要
注意火候，燙的時候要以小火來燙，以免過度收縮，炒的
時候也要快炒幾下，腰子剛熟就要離火，才能保持腰子的
脆嫩口感，萬一過火，腰子過度收縮，就會變得過硬。

材料	嫩牛肉150公克	嫩薑5~6片
	杏鮑菇1~2支	細麵300公克
	蔥2支	

牛肉拌麵

調味料

①醬油1茶匙、酒1/2大匙、糖1/4茶匙、太白粉1/2大匙、小蘇打1/6茶匙、水2大匙

②蠔油2大匙、酒1大匙、糖1茶匙、水1/3杯、太白粉1/2茶匙、麻油數滴

做法

(1)牛肉逆紋切成薄片。碗中調好調味料①，放下牛肉抓拌一下，醃30分鐘。

(2)杏鮑菇沖洗一下，斜切成粗條；蔥切成小段。

(3)杏鮑菇在滾水中川燙一下，撈出、瀝乾。

(4)鍋中燒熱4大匙油，放入牛肉，用大火過油炒至8~9分熟，瀝出，油倒出。

(5)鍋中煮滾6~7杯水，放下麵條煮熟，撈出，放入碗中。

(6)另熱1大匙油將蔥段和薑片爆炒至香，放入杏鮑菇再炒兩三下，倒下調味料②和牛肉，用大火快速炒勻，盛放在麵條上，趁熱拌勻。

安琪老師的小叮嚀

1.牛肉要逆紋切，吃起來口感才會更軟嫩。

2.要讓拌麵更有味道，可以在麵條煮好後，先用少許鹽和醬油拌一下，讓麵條入味，再淋上澆頭，拌來吃更美味。

榨菜肉絲拌麵

材料

細麵300公克　　　　筍子1支
榨菜300公克　　　　蔥花1大匙
肉絲150公克

調味料

①醬油1茶匙、太白粉1/2茶匙、水1/2大匙
②醬油1茶匙、鹽少許、糖1/2茶匙、水2大匙、麻油1茶匙
③鹽少許、醬油少許

做法

(1)肉絲先用調味料①拌勻，醃10分鐘以上。

(2)筍煮熟，切成細絲。榨菜漂洗一下，漂去一些鹹味，切成細絲。

(3)用2大匙油先將肉絲下鍋炒熟，盛出，放下蔥花爆香，再加入榨菜、筍絲和調味料②炒勻，最後放回肉絲、再炒幾下就可以盛出。

(4)麵條煮熟，麵碗中加少許鹽和醬油，放入麵條拌一下，再放上約2大匙的榨菜肉絲料。

安琪老師的小叮嚀

1.因為各家榨菜口味不同，記得先嘗一下是否很鹹，鹹的要泡一下水。
2.榨菜肉絲因為是乾料，醬汁少，麵條煮好後可以在麵碗中加少許鹽、醬油和少量麵湯，再放入麵條拌一下使之入味，然後再和榨菜肉絲料拌在一起。

擔擔麵

材料
細麵200公克
大頭菜末1大匙
花生粉2大匙
蔥花2大匙

調味料
芝麻醬2大匙、水4大匙、醬油1大匙、糖少許、鹽1/4茶匙、醋1/2 茶匙、蒜泥水1大匙、花椒粉1/3茶匙、辣油1茶匙

做法

(1)芝麻醬先用水調開、調稀；大蒜磨成泥，取約1茶匙和水1大匙調勻。將所有調味料調在一起分裝在2個小碗中。

(2)細麵條放入多量的滾水中煮熟，中途要加1次水，撈出、瀝乾水分，放入盛有調味料的碗中。

(3)撒上大頭菜和花生粉，拌勻即可食用。

醬爆三丁拌麵

材料
豬肉300公克
蝦米2大匙
筍1支
蔥屑3大匙
細麵300公克
青豆2大匙

調味料　甜麵醬2大匙、豆瓣醬1大匙、醬油1大匙、糖1/2茶匙、水1/2杯

做法

(1)蝦米泡軟，大的略微切小一點；豬肉切丁；筍也切丁；蛋打散，煎成蛋皮。

(2)起油鍋，先用2大匙油炒豬肉，肉熟後盛出。

(3)鍋中另加1大匙油入鍋，爆香蝦米、筍丁和蔥花，放下甜麵醬和豆瓣醬炒一下，再把肉丁放回鍋中，加醬油、糖和水1/2杯，以小火煮1~2分鐘，關火。

(4)將麵條煮熟後撈出，盛在麵碗中，放上約2~3大匙的醬料和醬汁拌勻即可。

醋溜汁拌麵

材料	
細麵300公克	蝦米1大匙
蟹腿肉200公克	蒜末1大匙
新鮮木耳2朵	蔥1支
紅甜椒1/4個	薑片2片
芹菜1支	酒1大匙

調味料

①鹽1/4茶匙、太白粉1大匙

②糖3大匙、醋4大匙、醬油1大匙、鹽1/4茶匙、水3/4杯、太白粉2茶匙、胡椒粉適量

做法

(1)蟹腿肉用調味料①拌醃20分鐘；木耳切成小片；紅甜椒切丁；芹菜切末；蝦米泡軟、剁碎。

(2)鍋中煮滾5杯水，將麵條煮熟、撈出，放在深盤中。在水中加入蔥段、薑片和酒1大匙，放入蟹腿肉燙熟，撈出。

(3)用2大匙油炒香大蒜和蝦米屑等，加入木耳，倒入調勻的調味料②煮滾，放下蟹腿肉和紅甜椒丁，再煮滾後撒下芹菜末，全部淋在麵條上。

安琪老師的小叮嚀

若是夏天吃拌麵，帶點醋的微酸更容易把胃口打開。這道醋溜汁的口味跟福建菜軟溜魚帶粉類似，先用油把蝦米和大蒜的香氣爆出來，再下調味料，其中醋的比例多，糖較少，酸酸的醬汁拌在麵條中，十分開胃。

材料	細麵300公克	筍1小支
	絞肉200公克	蔥花少許
	雪裡紅400公克	紅辣椒1支

雪菜肉末拌麵

調味料
①醬油1大匙、糖1茶匙、鹽少許
②醬油1/2大匙、麻油數滴

做法

(1)筍煮熟、去殼,切成細絲;紅辣椒切小段。

(2)雪裡紅漂洗乾淨,擠乾水分,嫩梗部分切成小粒,老葉部分不用。

(3)炒鍋中用2大匙油爆香絞肉和蔥花,放下筍絲再炒一下,加入紅辣椒段和雪裡紅,快速拌炒,見雪裡紅已炒熱,加入醬油、糖和鹽調整味道,炒拌均勻。

(4)麵碗中放約1/2大匙的醬油和數滴麻油。麵條煮熟,撈出,放在麵碗中,挑拌一下,再將雪菜料放在麵條上。

紅燒肉拌麵

材料

粗拉麵300公克	八角1顆
五花肉或梅花肉800公克	大蒜2粒
	蔥花2大匙
蔥4支(切段)	

調味料

①酒1/4杯、醬油1/2杯、冰糖1大匙

②鹽適量、胡椒粉1/6茶匙、麻油數滴、醋1/4茶匙、蔥花1大匙

做法

(1)豬肉切塊，用熱水川燙約1分鐘，撈出、沖洗乾淨。

(2)鍋中燒熱1大匙油，放入蔥段、大蒜和八角炒至香氣透出，放入豬肉，淋下酒和醬油，炒至醬油香氣透出，加冰糖及約3~4杯的水，大火煮滾後改小火慢慢燒至爛。

(3)紅燒肉汁放在麵碗中，加適量的調味料②。

(4)麵條煮熟後撈出，放入碗中，挑拌均勻，放上紅燒肉即可上桌。

材料

絞肉400公克　　　　　細麵300公克
大蒜末1大匙　　　　　蔥2支
木耳屑1/2杯

麻辣
哨子麵

調味料

①酒1大匙、辣豆瓣醬1大匙、醬油2大匙、水
2~3杯 鹽1/2茶匙、糖1茶匙、花椒粉1茶匙
②醬油、麻油、醋、辣油、花椒粉均隨意

做法

(1)鍋中燒熱2大匙油，放下絞肉炒散，待絞肉中的油滲出時，再放入大蒜末一起
　　炒香。

(2)淋下酒、辣豆瓣醬、醬油炒一下，再加入水2~3杯和木耳屑同煮，煮滾後改小
　　火續煮約10分鐘，待汁約剩1/2杯時，加入其他調味料①調味，關火，做成麻
　　辣哨子料。

(3)麵條煮熟。麵碗中依個人口味加入調味料②，放入煮熟的麵條和做好的麻辣哨
　　子料，撒下蔥花即可。

安琪老師的小叮嚀

哨子在四川話的意思是碎屑，也寫成屑子或紹子，換言之就是把所有的
食材都切成碎屑。滷煮好這一鍋香噴噴的哨子醬，放在冰箱隨時都可以
拿來拌飯、拌麵。除了食譜裡教的麻辣哨子外，只要將辣豆瓣醬和花椒
粉拿掉，加入番茄末就可以做不辣的番茄哨子。

異國風味
涼、拌麵

清淡、
簡單的日式和風涼麵，
泡菜、
冷湯沁涼的韓式冷麵，

生菜、
香草組成的義大利冷麵，
咖哩、
魚露椰島風情的南洋拌麵，

濃濃的異國涼麵，
現在挑動你的味蕾！

054

050

064

069

060

日式蕎麥
涼麵

清爽醬汁任君挑選，
配上彈牙順口的蕎麥麵，
加上少許的辛香佐料，
襯托出醬汁的甘醇鮮甜，
保證一吃就上癮！

材料

麵條適量(蕎麥麵、烏龍麵或細麵，
可以依喜好挑選)

涼麵搭檔

(A)柴魚昆布清湯
5杯水、昆布20公分、柴魚片20公克

(B)醬汁
醬油1杯、糖1½大匙、味醂3大匙

(C)藥味
青蔥末、紫蘇葉絲、蔥白絲、薑末、海苔絲、白蘿蔔泥、
芥末、花椒粉、白芝麻、辣椒粉、辣椒蘿蔔泥各適量

做法

麵條

麵條煮麵的水要多些，煮滾後，將乾麵條分散的放入水中，並用筷
子挑散開，以大火煮至滾，加入1杯冷水再煮，再滾時再加，要加
1~2次水。因每家麵廠生產的麵條有不同的特性，要依照包裝袋上
的使用說明來決定加水的次數。煮熟的麵條撈出後用冷開水沖洗，
以洗去麵條上的黏性，再瀝乾水分，要保持麵條的QQ口感，也可
以浸泡在冰水中冰鎮。

調製涼麵搭檔

(A)柴魚昆布清湯

取約 5 杯水，昆布用濕紙巾擦一下後放在水中，開火煮至水將滾時
取出昆布，如果水面有浮末要撇乾淨，放下柴魚片煮1~2分鐘，關
火，用紗布過濾湯汁，再擠乾紗布。

(B)醬汁

醬油用小火煮滾，加入糖和味醂再煮滾、放涼，以1份醬汁加4~5份
高湯調勻做成涼麵湯底來用。在搭配清爽淺色的麵條時，也有在5
份的高湯中只加鹽和淡口醬油調勻做湯底。

(C)藥味

日本人用一些簡單的辛香調味料(通稱爲藥味)搭配在高湯醬汁中，
可以簡單的挑選2~3種，混合均勻後把麵條放入湯中，沾過再吃。

味噌肉醬冷麵

材料

絞肉200公克　　　　烏龍麵條200公克
新鮮香菇80公克　　　柴魚昆布清湯1杯(做
筍子1/2支　　　　　　法請參考第45頁)
蔥1支

調味料 油2~3大匙、米酒2~3大匙、八丁味噌1大匙

做法

(1)筍子煮熟後切成小丁；新鮮香菇切碎；蔥取用白色部分，切成極細的絲。

(2)鍋中燒熱油，放下絞肉炒至變色，淋下酒，再放下筍丁和香菇丁同炒，淋下少許清湯炒透。

(3)用酒把八丁味噌調稀，加入絞肉中炒勻，小火炒約2~3分鐘即可關火。

(4)烏龍麵條用多量的水煮熟，撈出，用冷水沖洗以除去黏液。放入碗中後澆上味噌肉醬和冷清湯，撒上蔥絲。

安琪老師的小叮嚀

{ 八丁味噌是一種深褐色的味噌，買不到時可以用豆瓣醬代替。 }

材料	麵條150公克 蔥1支 雞胸肉1片	黃瓜、胡蘿蔔、魚板 與罐頭玉米粒各適量

沙拉
烏龍麵

調味料

煮雞料
蔥1支、薑1片、酒1大匙

調味料
美乃滋2~3大匙、山葵醬1茶匙、鹽適量

做法

(1) 鍋中加3杯水和煮雞料,滾後放雞胸肉煮8~10分鐘,關火、放至涼,切成絲。

(2) 蔥切成細絲,泡入水中,除去辣氣;胡蘿蔔和黃瓜分別切成約3公分寬的片;魚板也切成片。

(3) 麵條煮熟後撈出,沖冷開水洗去黏液後,瀝乾水分,放入一個大碗中。

(4) 加入雞絲等所有配料,再加入調味料調拌均勻,裝入容器中上桌。

味噌芝麻冷麵

可以發汗、健胃、治感冒的神奇紫蘇葉，
遇上可以強化免疫系統的味噌，
會蹦出甚麼新滋味？
灑上少許的白芝麻，
美味，現在上桌。

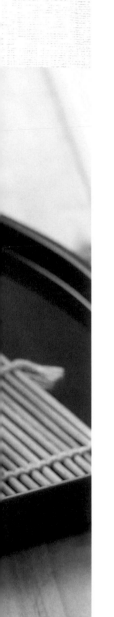

材料
蕎麥麵或細麵150公克
紫蘇葉3~4片
蔥1支
白芝麻1大匙

調味料
味噌1大匙、糖1/2茶匙、醋1茶匙、昆布柴魚清湯2杯(做法
請參考第45頁)

做法

1　紫蘇葉切成細絲；蔥切成蔥花，分別盛放在碟中。

2　白芝麻以小火在鍋中炒至香氣透出，且變成微黃色，放入研
磨的缽中大略的磨碎。

3　將芝麻加入味噌中，再加入糖和醋，高湯分次加入味噌中，
慢慢調勻，做成涼麵醬汁，放在碗中。

4　麵條放入多量的滾水中，以大火煮至再滾，視需要加入2~3次
的冷水，煮至麵條熟後撈出，用冷水沖洗以除去黏液，放在
盤中。

5　麵條、涼麵醬汁和藥味一起上桌。

安琪老師的小叮嚀

1.這是非常傳統的一道日式涼麵，也是百吃不膩的口味，夏天沒
有胃口的時候端上這道涼麵，總能一舉打開胃口。

2.製做時要注意的是，芝麻必須先在鍋裡以小火炒香，研磨後再
加入味噌中，同時必須把味噌徹底調開，一次加少許高湯，慢慢
調勻，千萬別貪快。

3.如果沒有昆布高湯，要簡單一點也可以用柴魚風味的醬油取
代，或直接用一點柴魚粉。

中華冷麵

冷麵爽口彈牙、配料色香味俱全，
既開胃醒神，
做法簡單又無難度，
沒胃口的時候，
來盤中華冷麵吧！
包你胃口大開，
回味無窮！

材料

細麵200公克
雞胸肉200公克
海蜇皮1小張
黃瓜1支 蛋2個
乾海帶芽1/2 大匙
白芝麻1大匙

調味料

①鹽、酒適量

②淡色醬油5大匙、醋5大匙、麻油2大匙、糖3大匙、鹽適
　量、水1~1½杯、芥末醬少許

做法

1. 雞胸肉放入適量的水中，加少許的鹽和酒煮熟。取出後放入
　冷水中，涼透後切成細絲

2. 海蜇皮切絲，泡水約2~3小時，放入8分熱的水中燙3~5秒鐘，
　撈出、再泡入冷水中，至海蜇絲漲大，用冷開水沖洗過，瀝
　乾水分。

3. 白芝麻在鍋中以小火慢慢炒香，盛出放涼。

4. 蛋打散，鍋中塗少許油，煎成蛋皮，再切成絲。黃瓜切成細
　絲；海帶芽用水泡漲開，用水多沖洗幾次，瀝掉水分，切短
　一點。

5. 調味料②在碗中調勻。

6. 麵條放入多量的滾水中，以大火煮至再滾，視需要加入2~3次
　的冷水，煮至麵條熟後撈出，用冷水沖洗、以除去黏液，放
　在盤中。

7. 麵上排放雞絲、海蜇絲、黃瓜絲、蛋皮絲、海帶芽，再撒上
　芝麻，淋下調味醬汁。

安琪老師的小叮嚀

這是在日本中華料理店裡經常吃到的一道涼麵，一般統稱為
中華冷麵。它的湯汁較多，所以調醬時要放入大約1杯半的冷
開水，唏里呼嚕一口連湯帶料吃進麵條，非常過癮！

日式麵線沙拉

材料

日式麵線100公克　　生菜葉各適量
胡蘿蔔絲　　　　　　番茄1/2個
白蘿蔔絲　　　　　　白芝麻2大匙
紫色高麗菜絲

醬汁

香柚醋1大匙、淡色醬油1大匙、糖1茶匙、味醂2
茶匙、鹽少許、麻油1大匙

做法

(1)白蘿蔔、胡蘿蔔和紫色高麗菜絲放入冰水中泡一下，瀝乾水分；番茄切塊。

(2)生菜葉切粗絲，也用冰水泡一下，瀝乾水分。

(3)麵線放入滾水中煮熟，撈出後立刻沖涼水，瀝乾水分後，放在盤子上，再將蔬菜料放在麵線旁。

(4)淋下調好的醬汁，吃之前拌勻即可。

安琪老師的小叮嚀

也可以直接用台灣麵線來做，只是鹹度較高，在調味時要特別注意。

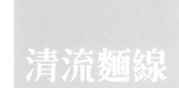

清流麵線

材料

日式麵線1把
蔥白2段
山葵1/2大匙
紫蘇葉5片

調味料 昆布柴魚高湯、香柚醋、淡色醬油、鹽各適量

做法

(1)麵線煮熟，漂過冷開水，盛入放了冰塊的玻璃碗內，加入紫蘇葉點綴。

(2)蔥白和紫蘇葉切成細絲，分別放入小碗中。

(3)依照第45頁做法，準備好昆布柴魚清湯，取適當的量放碗中，加入香柚醋、淡色醬油和適量的鹽調勻，做成沾汁。

(4)個人碗內取沾汁，加入適量的山葵調勻，加少許蔥花和紫蘇，即可隨意撈取麵線沾食。

安琪老師的小叮嚀

清流麵線就是日本人常說流水麵線，煮好的麵線在水槽流動的冰水中穿梭，再用筷子撈起麵線，就著碗裡的醬汁和藥味大口吃著滑溜的麵線。

韓式
冷湯麵

愛吃泡菜的韓國人，
夏季特別偏好連湯帶料的冷湯麵，
微酸甜辣的湯底，
加上各式各樣的配料，
整碗吃下肚，
絕對讓你從頭到腳透心涼！

材料　韓國涼麵200公克　　　韓國蘿蔔泡菜適量
　　　牛肉500公克　　　　　烤熟松子1大匙
　　　黃瓜片適量　　　　　　白芝麻2茶匙
　　　蔥花適量　　　　　　　紅椒絲少許
　　　水梨1/4個　　　　　　　大蒜3~4粒
　　　白煮蛋1個　　　　　　　蔥2支

調味料　淡色醬油3大匙、鹽適量、醋、芥末醬各隨意

做法

1　牛肉選用整塊瘦肉部分，川燙除去血水。洗淨後再放入滾水中，加蔥段和大蒜一起用小火煮至爛，用一支筷子插入肉中，可以輕鬆插透即可取出，湯趁熱調上淡色醬油和鹽，放入冰箱冷藏，完全除去油脂。

2　趁熱時用白布把牛肉包好，壓上重物以固定肉的形狀，涼後切薄片。

3　黃瓜切成半圓片；水梨切粗條；白煮蛋切厚片；泡菜切段。

4　麵條放入滾水中煮熟，撈出沖涼，放在大碗中，再放下各種準備好的材料，加入冷牛肉湯，撒下松子、芝麻、蔥花和紅椒絲，附上醋和芥末醬一起上桌。

安琪老師的小叮嚀

1.牛肉煮滾後要改用極小的火來燉煮，以保持湯汁的清澈。
2.教你做白蘿蔔泡菜：
白蘿蔔切成粗條放入碗中，加鹽醃1~2小時擠去澀水，加入韓國辣椒粉、蔥絲、薑泥1/2茶匙、大蒜泥1茶匙、鹽、糖等料拌勻，放置1~2天，有酸味透出即可。

雞絲 冷湯麵

材料　韓國麵150公克　　胡蘿蔔1小段
　　　雞胸肉1片　　　　白煮蛋1個
　　　黃瓜1支　　　　　韓國泡菜1杯
　　　水梨1個　　　　　冰塊適量

調味料　鹽適量、酒適量、韓國辣椒醬、綠芥末醬隨意

做法

(1) 雞胸肉放入2杯水中，加適量的鹽和酒煮至熟。取出後放入冷水中，浸至涼透後取出，切成細絲。雞湯加少許鹽調味。

(2) 黃瓜、水梨、胡蘿蔔分別切絲；白煮蛋切片；泡菜切小段。

(3) 乾麵條放入多量的滾水中煮熟，視包裝說明加入2~3次的冷水，煮至麵條剛熟即撈出，用冷水沖洗以除去黏液，放在淺的大碗中。

(4) 注入清雞湯，再放上各種配料和冰塊，附上辣椒醬、芥末醬和韓國泡菜。

安琪老師的小叮嚀

{ 這是很清爽的一款冷湯麵，主角是雞湯和雞肉，只用少許鹽和韓國辣椒醬、綠芥末來提味。韓國辣椒醬的顏色艷紅，有特殊香氣，但辣度其實不高，是很溫和的辣椒醬，不用擔心吃完辣得滿頭大汗。 }

韓式蕎麥涼麵

材料

新鮮魷魚1/2條　　　海帶芽少許
黃瓜1/2支　　　　　萵苣葉5~6片
洋蔥絲1/2杯　　　　蕎麥麵150公克
韓國泡菜1/2杯　　　炒過的白芝麻適量

調味料

醋1茶匙、糖1茶匙、麻油1茶匙、辣椒粉、辣椒絲各少許、蔥屑3大匙、大蒜泥1茶匙、韓國辣椒醬2大匙

做法

(1) 新鮮魷魚除去內臟，在內部切上直條刀紋，分割成1公分寬的長條，用滾水燙熟，泡入涼水中，瀝乾水分。

(2) 黃瓜切絲；洋蔥切絲；泡菜切段；海帶芽泡軟。

(3) 調味料在碗中先調均勻，放下洋蔥絲再抓拌一下。

(4) 麵條用多量的滾水煮熟，撈出後用冷開水沖涼，瀝乾水分，放入調勻的調味料碗中拌勻，放在萵苣葉上。

(5) 麵上放各種配料，撒下炒過的白芝麻。

安琪老師的小叮嚀

芝麻能為涼麵提起香氣，但一定要用乾鍋先炒過，炒時開小火有耐心慢慢炒到香氣透出。

牛肉涼麵

材料

韓國麵線300公克　　　松子1大匙
烤肉用牛肉片300公克　　大蒜3~4粒
蛋2個　　　　　　　　　蔥3支
細蔥2支　　　　　　　　辣椒粉少許

醬汁

醃肉料：洋蔥絲1杯、蔥段1/2杯、蒜泥1/2茶匙、醬油1½大匙、糖1½茶匙、胡椒粉少許、麻油2大匙、酒1茶匙、芝麻1½茶匙

調味料：蔥花2大匙、大蒜泥2/3茶匙、醬油2大匙、胡椒粉少許、辣椒粉少許、味醂1大匙、冷清湯1/3杯、麻油1大匙、白芝麻1大匙

做法

(1)烤肉片用醃肉料拌勻，和洋蔥絲一起放在烤網上烤熟或用少許油煎熟。

(2)細蔥切段；松子烤熟；蛋煮熟、切片。

(3)麵線煮熟，撈出、泡入冰水中，冰涼後瀝乾水分，分成一團一團，排入大碗中，再將牛肉、蛋片、蔥段排入盤中，撒下松子和少許辣椒粉。

(4)將調味料混合，放在小碗中，隨麵條上桌。

安琪老師的小叮嚀

1.將著名的韓式烤肉和冷湯麵做結合，讓人可以在一碗涼麵裡，吃到道地的韓風口味。
2.肉片醃過醬料後燒烤，會讓涼麵吃來更有變化和層次。

材料	韓國麵線200公克	洋蔥1/4個
	五花豬肉300公克	黃瓜1/2支
	蔥1支(切段)	韓國泡菜1杯
	薑1片	

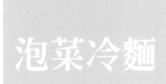

泡菜冷麵

調味料 酒、鹽、醋、醬油各適量

做法

(1) 鍋中煮滾6~7杯水,加蔥段、薑片和酒煮滾,放下整塊的五花肉,煮至五花肉熟透,用筷子可以輕鬆插入肉中,取出放涼,切除皮和肥的部分,切成厚片。

(2) 洋蔥切細絲;黃瓜去籽、切成短片,兩種都用水沖洗、浸泡一下;韓國泡菜切小塊。

(3) 煮肉的湯汁撇去油,加酒和鹽調味,放至冷卻,再將油脂完全除淨。

(4) 麵線煮熟後撈出,用冷水沖洗一下,瀝乾,放在淺湯碗中,注入肉湯,加入肉塊、洋蔥、黃瓜和泡菜,附上淡色醬油和醋一起上桌,吃時隨意添加。

安琪老師的小叮嚀

雖然是用五花肉爲主料,做成冷湯麵,因爲把油瀝得很乾淨,所以吃來非常清爽。想把浮油瀝乾淨,最不費力的方法就是放進冰箱,待湯完全冷卻後,豬油會凝結在湯面上,不費力就可以瀝得乾乾淨淨。

義大利
番茄乳酪
冷麵

滑順的麵條，
搭配番茄及義大利瑪芝瑞拉起司，
番茄的鮮甜、起司的香濃和多種香料，
交織成最美的義大利交響曲。

材料

義大利細麵150公克
新鮮番茄2個
瑪芝瑞拉乳酪(Mozzarella cheese)100公克
羅勒(九層塔葉)3~4支

新鮮或乾燥的奧勒岡 (Oregano)1/6茶匙
新鮮或乾燥的百里香葉 (Thyme)1/6茶匙
巴西里屑(Parsley)少許

調味料

①鹽1茶匙、油1大匙

②特級橄欖油2大匙、鹽、胡椒粉適量

做法

1 湯鍋中燒滾多量的水中，先加入調味料①，再放下麵條，大火煮滾後改成中火煮至熟，撈出，沖涼，瀝乾水分，放在大碗中。

2 新鮮番茄去皮、去籽、切丁；瑪芝瑞拉乳酪切成和番茄差不多大小的丁；九層塔摘取葉子部分，切成粗絲。

3 新鮮奧勒岡葉和百里香葉子擦乾水分，切碎；巴西里切成碎末，以紙巾吸乾水分。

4 將橄欖油倒入炒鍋中，加入奧勒岡葉及百里香葉，以小火慢慢炒出香氣，加入番茄丁和九層塔葉即關火，放鹽和胡椒粉調妥味道，倒入麵中拌勻，裝盤。

5 撒下巴西里碎末和瑪芝瑞拉乳酪丁。

安琪老師的小叮嚀

1.義大利麵較不易煮軟，時間依麵條的粗細不同而定，依照包裝袋上的指示煮即可。

2.煮麵的時候，水裡加少許油和鹽，煮好後撈起麵條沖涼並瀝乾水分，如果不是現拌，可以在麵條中拌入少許橄欖油。

3.新鮮的香草香氣會比乾燥來的好，但如不易購得使用乾燥的香草也是很美味。

凱撒醬汁
冷麵

凱撒沙拉是非常著名的西式沙拉，
風味獨具的醬汁配上清脆的蘿曼生菜葉，
在炎夏時分吃來特別爽口，
這款沙拉醬拿來做成獨特的義式冷麵，
味道也很棒！

材料

蘿曼生菜或西生菜100公克　　　吐司麵包丁適量
小番茄6粒　　　　　　　　　　義大利貝殼麵150公克
培根3片

調味料

調味料
鹽1茶匙、橄欖油1大匙
凱撒沙拉醬
蛋黃1個、鯷魚1小條、酸豆3~4粒、大蒜泥1/2茶匙、黃色
芥末醬1茶匙、Parmesan Cheese起司粉2茶匙、檸檬汁1大匙
橄欖油約1/3杯、Tabasco辣椒水、梅林辣醬油、鹽、黑胡椒
粉各適量

做法

1　生菜泡冰水，切成小段；小番茄切半；培根切絲，煎或烤至
　　脆，用紙巾吸乾油漬。

2　湯鍋中燒滾多量的水，先加入1茶匙的鹽和1大匙的油，再放
　　下貝殼麵，大火煮滾後改成中火煮至熟，撈出、沖涼、瀝乾
　　水分。

3　大碗中將蛋黃、鯷魚、酸豆、大蒜泥、黃色芥末醬攪拌均
　　勻，慢慢地加入橄欖油，打成醬汁，加入辣椒水、辣醬油、
　　起司粉、鹽和黑胡椒粉調味。

4　將貝殼麵、生菜和番茄拌入醬汁中，裝盤後撒上培根碎、麵
　　包丁，上桌後還可以再加一些起司粉。

安琪老師的小叮嚀

1.義大利麵款有很多種，這裡選用的是貝殼麵，可以個人喜好
換用通心麵或螺旋麵。
2.Tabasco辣椒水、梅林辣醬油是在西餐中很常使用的調味
料，一般賣場都有在販售。
3.鯷魚多為罐頭製品，一般賣場都有在販售。

培根蘆筍涼麵

材料

綠蘆筍100公克	紅甜椒1/4個
洋蔥1/4個	義大利細麵100公克
培根5片	

調味料

特級橄欖油2大匙、紅酒醋2大匙、鹽1/3茶匙、胡椒粉少許

做法

(1) 綠蘆筍削除老硬的外皮，斜切成片，如果用細蘆筍則直接切段即可，放入加了鹽的熱水中燙一下，撈出泡在冰水中浸涼。

(2) 洋蔥切碎；紅甜椒去籽、切成細絲；培根切成細絲。

(3) 義大利麵煮熟，沖涼，瀝乾水分。

(4) 將1大匙的橄欖油倒入炒鍋中，加入培根絲用中火爆香，炒至略變色，加入洋蔥碎再炒香，加鹽和胡椒粉調味，關火盛入大碗中。

(5) 將紅酒醋加入培根中，再加入1大匙的橄欖油一起調拌均勻，放下綠蘆筍、紅甜椒絲和義大利麵，拌勻即可裝盤。

安琪老師的小叮嚀

{ 為了保持蘆筍的翠綠，川燙時熱水中應加少許鹽，快速川燙後要立刻泡入冰水中。 }

鮮菇蛤蜊
涼麵

材料

義大利細麵150公克　　小番茄2顆
活蛤蜊或海瓜子200公克　香菜葉2片
鴻喜菇1盒　　　　　　松子1大匙

調味料

①鹽1茶匙、橄欖油1大匙
②特級橄欖油2茶匙、白胡椒粉少許、鹽適量
③冷清湯1/3杯、鹽、胡椒粉各少許

做法

(1)活蛤蜊放在淡鹽水中吐沙後，沖洗乾淨備用。

(2)湯鍋中燒滾多量的水中，先加入調味料①，再放下麵條，大火煮滾後改成中火煮至熟，撈出，用冰水沖涼，瀝乾水分。

(3)蛤蜊和鴻喜菇分別放入水中燙熟，撈出過冷水，涼後瀝乾水分，和義大利麵一起放碗中，加調味料②拌勻。

(4)麵條盛入容器中，放上小番茄、香菜葉，撒下烤過的松子，淋下調勻的調味料③即可。

安琪老師的小叮嚀

{ 冷清湯可用燙蛤蜊的汁，調味後放涼了再用。 }

065

鮮蔬番茄涼拌麵

材料
義大利扁麵150公克
西芹、南瓜、黃瓜、
白蘿蔔各適量
番茄1個

調味料
涼麵醬汁
熟番茄1個、番茄膏100公克、鹽1茶匙、水果醋5大匙、糖4大匙、醃大蒜末1/2大匙、醬油1/2大匙、橄欖油2大匙、黑胡椒粉少許、芥末醬1茶匙

做法

(1)義大利麵煮熟，沖涼，瀝乾水分，放在盤子上。

(2)各種蔬菜切成細絲，泡在冰水中，約3~5分鐘後，瀝乾水分，放在盤子周圍。

(3)番茄去皮、切丁，撒在麵條上。

(4)熟番茄去皮、切成丁，放在碗中，再加入其他的醬汁調味料，調拌均勻，嘗一下味道，淋在蔬菜和麵條上，可以將芹菜葉切碎，撒在上面點綴。

安琪老師的小叮嚀

1.調醬用的糖要用細糖，否則不容易溶化，也可以用果糖或棉糖。

2.水果醋的品牌不同，酸度、香氣都差很多，可以自行調整。

3.醃過的大蒜可以用糖蒜或醃蕎頭，較不辣又脆。

泰式涼拌海鮮河粉

材料

河粉、麵線或米線 150公克	蛤蜊10個
小番茄4顆	蝦仁8隻
蝦米1大匙	紅蔥頭3~4顆
乾木耳1大匙	醃蒜頭3~4粒
花枝1/2條	蔥花少許
	小辣椒末適量

調味料 白糖1大匙、檸檬汁1½大匙、魚露2大匙、是拉叉醬2茶匙

做法

(1)花枝切上花紋，分割成小塊；蝦仁抽除腸沙；蛤蜊放入薄鹽水中吐沙。

(2)三種海鮮料分別放入滾水中川燙至熟，撈出沖涼，切成小塊。

(3)蝦米和木耳分別泡軟，摘好，也略燙一下。

(4)乾河粉先泡水至軟，再放入滾水中燙熟撈起，用冷水沖涼，瀝乾。

(5)小番茄、紅蔥頭、蔥花、醃蒜頭粒、小辣椒末連同白糖、檸檬汁、魚露、是拉叉醬一起放入碗中，攪拌均勻，放置約1~2分鐘。

(6)加入河粉、海鮮料、蝦米和木耳，再拌勻即可裝入盤中。

安琪老師的小叮嚀

泰式涼拌多以檸檬汁為酸味來源，鮮鹹的魚露則是提味法寶，在泰式餐廳常吃到的涼拌海鮮醬料拿來拌麵線和米線，也非常開胃。

椰汁
咖哩雞
拌麵

材料

雞腿肉250公克	熟筍60公克
青椒1/2個	茄子1/2條
大紅椒1支	麵線200公克

調味料

咖哩塊2塊、椰漿1杯、雞高湯2杯、魚露1大匙、檸檬葉3~4片、糖1茶匙

做法

(1) 咖哩塊切碎，用少許油炒香，加入椰漿、雞高湯和其他的調味材料煮滾，做成咖哩湯底。

(2) 雞腿肉切成塊；茄子切成滾刀塊；青、紅椒去籽、切片；筍切片。

(3) 雞腿、茄子和筍片先放入咖哩湯底中煮熟，加入青、紅椒再煮滾一會兒，嘗一下味道，關火。

(4) 麵線煮熟，用冷水沖涼，瀝乾水分，分成一球一球，放在盤中，淋下咖哩雞和醬汁一起上桌拌食。

安琪老師的小叮嚀

咖哩是一種綜合調味香料，市面上很容易買到各式咖哩粉、咖哩塊或加哩醬，使用時切記一定要用少許油將咖哩的香味先炒出來，煮出來的咖哩料理才有香氣。

泰式酸辣拌麵

材料

細麵條或米線150公克　　花生米3大匙
魚蛋(魚丸)10粒　　　　綠辣椒2~3支
綠豆芽100公克　　　　紅辣椒2~3支
細蔥3支　　　　　　　大蒜2粒

調味料　魚露1/4杯、白醋1/2杯、糖1茶匙、辣椒粉適量

做法

(1)選用喜愛的魚丸，或買魚漿自己做成魚丸，煮熟。

(2)花生米大略的搗碎；蔥切段。

(3)紅、綠辣椒切成圓圈，分別泡入魚露和白醋中；大蒜切碎，用約4大匙熱油浸泡至涼。

(4)麵條煮熟，在冷水中快速涮一下，放入碗中，豆芽快速燙一下，約4~5分熟即撈出，堆放在麵條上，放上魚丸、蔥段和花生碎。

(5)附上辣椒醋、辣椒魚露、辣椒粉一起上桌，依個人口味加以調味拌食。

越南牛肉拌粿條

材料

火鍋牛肉片或豬肉片 150公克
洋蔥1/4個
綠豆芽100公克
黃瓜1支
九層塔葉3~4片
粿條150公克

調味料 魚露1大匙、檸檬汁1大匙、糖1茶匙、辣椒末適量、大蒜泥少許高湯或水2大匙

做法

(1) 調味料在碗中先調勻,依個人喜愛調配酸辣的程度。

(2) 洋蔥、黃瓜切絲;生菜切成大片;花生略搗碎。

(3) 起鍋用1大匙油炒一下洋蔥,隨即放入牛肉片同炒,撒少許鹽,牛肉一熟即關火。

(4) 米粉或粿條先用冷水泡至軟透,放入滾水中燙熟,撈出、瀝乾,放入碗中,綠豆芽也快速燙一下,放在米粉上。

(5) 再放上牛肉片、黃瓜絲、和九層塔葉,淋下調味汁並撒下花生碎。

材料	麵線150公克　　　　　蔥1支
	鮮蝦、蟹腿肉、新　　香菜1支
	鮮魷魚各適量　　　　紅辣椒1支
	洋蔥絲1/2杯　　　　　大蒜2~3粒

調味料

①鹽、酒各少許

②魚露2大匙、檸檬汁2大匙、糖2茶匙、高湯或水1/4杯

酸辣海鮮涼麵

做法

(1)鮮魷洗淨，剖開後在內部打斜刀切上交叉條紋，再行切片。

(2)鮮蝦剝殼、抽沙；蟹肉自然解凍、分開。

(3)三種海鮮料分別加入調味料①燙熟，撈出、用冷水沖涼後，瀝乾水分。

(4)蔥切成細蔥末；洋蔥切細絲；大蒜磨成泥；紅辣椒去籽、切碎；香菜略切。

(5)碗中將調味料②調勻，放入蔥末、洋蔥絲和紅辣椒末。

(6)鍋中煮滾6杯水，放下麵線燙熟，撈出、沖涼，和海鮮料一起放入調味料中拌勻，裝盤。

安琪老師的小叮嚀

這是很清爽而且低卡的一道涼麵，海鮮含有豐富蛋白質，如果更斤斤計較熱量，也可以把麵線換成蒟蒻，熱量更低。

暖心暖胃
湯　　麵

懷舊溫暖的切仔麵、
擔仔麵，
有媽媽的味道的家常湯麵、
榨菜肉絲麵，

豪氣十足的打滷麵、
嗆烹麵，
慢工細火換來的雙貝煨麵、
四季紅魚麵，

現在，
好想吃碗麵！

079

076

090

094

102

切仔麵

麵條、韭菜、豆芽菜，
竹勺子中傳出沏刷的悅耳聲響，
湯頭則有著濃濃的油蔥香，
湯上頭擺片瘦肉跟些許的豆芽和韭菜，
古早味的切仔麵，
就該是這個味道。

材料

豬肉1塊
煮湯骨300公克
綠豆芽2把
韭菜4支
油麵200公克

調味料

醬油少許、鹽適量、紅蔥酥(連油)2茶匙

做法

1 煮湯骨和豬肉一起燙過之後，洗淨，放入湯鍋中，加6杯熱水和蔥、薑、酒一起熬煮2小時。

2 在30分鐘時撈出豬肉，放涼後切薄片。

3 高湯過濾，取用約3杯，加醬油和鹽調味。

4 油麵快速燙一下，撈出、瀝乾水分，放在碗中。

5 將豆芽與韭菜放入水中快速一燙即撈出，也放入碗中，再放上紅蔥酥(連油)和豬肉片，澆下約1½杯的清湯即可。

安琪老師的小叮嚀

1.紅蔥酥最好自己炸，或選用連油的紅蔥酥較香，一般市售的陽春麵會加放豬油，以增香氣。

2.豬肉可選用瘦的前腿肉或後腿心(俗稱老鼠肉)來煮，要放涼後比較好切片。

3.如果有賣麵的長網杓，可以先放麵再放韭菜和豆芽，一起燙熟扣在碗中，比較有型、好看，家中做的時候則不必用長網杓。

擔仔麵

矮爐、矮灶、小竹凳、紅燈籠高掛；
麵條、肉燥、高湯、蒜末、及鮮蝦，
坐在矮竹凳上，
就著燈籠暈黃的燈光，
來一碗熱騰騰、香噴噴的擔仔麵，
這是很多台灣人記憶中溫暖又熟悉的畫面。

材料

絞肉400公克

鮮蝦4尾

紅蔥頭4~5粒

高湯4杯

綠豆芽適量

油麵400公克

調味料

①酒1大匙、醬油2大匙、五香粉少許

②醬油2茶匙、鹽適量、調味大蒜泥1茶匙

做法

1　鍋中熱2大匙油，放入紅蔥頭(切片)炒成金黃的紅蔥酥，連油盛出。

2　另加熱1大匙油炒熟絞肉，加入酒、醬油和1½ 杯水，小火煮30分鐘，加入紅蔥酥、油和五香粉，再煮5分鐘，做成肉燥。

3　鮮蝦剝殼，留下尾殼，大蒜泥加約1大匙水調成蒜泥水備用。

4　鍋中煮滾水，將豆芽快速一燙之後，撈出，分放碗中，再放下蝦仁燙熟。

5　油麵燙熟，放在碗中，再放上蒜泥水、肉燥和鮮蝦，澆上熱高湯(加醬油和鹽調味)，放少許香菜即可。

安琪老師的小叮嚀

{ 1.擔仔麵的高湯通常店家會用炒過(或烤過)的蝦殼和豬大骨來熬製，味道較鮮美，家常做時蝦殼的量少，較無鮮味。
2.擔仔麵通常也會加滷蛋或貢丸，可依個人喜好決定。 }

榨菜
肉絲麵

材料

榨菜200公克	紅辣椒1支
肉絲100公克	蔥花1大匙
金針菇1/2包	細麵300

調味料

①醬油1茶匙、太白粉1/2茶匙、水1/2大匙

②醬油1茶匙、鹽少許、糖1/2茶匙、水2大匙、麻油1茶匙

做法

(1)肉絲先用調味料①拌勻,醃10分鐘。

(2)金針菇洗淨,切除根部,再切成兩段。榨菜洗一下、切成細絲,用水再沖2~3次,漂去一些鹹味。

(3)用2大匙油先將肉絲下鍋炒熟,盛出,放下蔥花爆香,再加入榨菜、金菇和調味料②炒勻,最後放回肉絲和紅椒條,再炒一下就可以盛出。

(4)麵條煮至8分熟,關火夾出。

(5)鍋中加入適量水煮滾,放下榨菜肉絲,再將麵條放入一起煮滾(可加少許鹽和醬油調味)即可裝碗。

安琪老師的小叮嚀

{ 可以一次多炒一些榨菜肉絲,以保鮮盒存放冰箱中,方便隨時取用,這道菜是我家冰箱中的常客。 }

材料	肉絲80公克	蔥2支
	蝦米1大匙	寬麵200公克
	香菇3朵	水4杯
	白菜150公克	

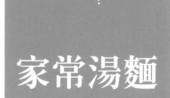

家常湯麵

調味料
①蠔油1茶匙、太白粉1茶匙、水1大匙
②酒1大匙、醬油1/2大匙、鹽適量、胡椒粉少許、麻油數滴

做法

(1)肉絲用調味料①抓拌均勻，放約10分鐘。

(2)蝦米和香菇分別泡水，蝦米摘除頭和腳的殼；香菇泡軟切絲；白菜也切絲；蔥切段。

(3)鍋中用1大匙油炒香蔥段、蝦米和香菇，待香氣透出時，放下肉絲再炒熟，放下白菜、大火續炒。

(4)淋下酒和醬油，炒一下後加入水，煮滾後以鹽調味，煮約3~5分鐘。

(5)麵條煮滾一次後撈出，放入湯中再煮1~2分鐘至喜愛的Q軟度，加入麻油和胡椒粉，盛入碗中。

肉片雜菜湯麵

材料

霜降豬肉片200公克	蔥1支
高麗菜300公克	薑1片
水發木耳1杯	麵條300公克
胡蘿蔔1小段	清湯5杯

調味料

①蠔油1/2大匙、太白粉1茶匙、胡椒粉少許、水1/2大匙、麻油1/2茶匙

②酒1茶匙、醬油1茶匙、鹽1/2茶匙、胡椒粉少許、麻油數滴

做法

(1)豬肉切片，用調味料①抓拌，醃20分鐘。

(2)高麗菜切寬條；木耳泡軟後摘去根部，撕成小朵；胡蘿蔔切片。

(3)鍋中燒熱2大匙油，放下蔥段和薑片爆香，加入肉片拌炒，再放入高麗菜和胡蘿蔔炒一下，淋下酒和醬油炒勻，加入木耳和清湯煮滾。

(4)在另一個鍋中煮滾5杯水，放下麵條煮至6~7分熟，撈出麵條放入湯鍋中。

(5)蓋上鍋蓋再煮至滾，加鹽、胡椒粉和麻油調味即可關火，盛出。

材料	海瓜子或小蛤蜊300公克	細麵300公克
	美白菇1包	清湯或水4杯
	大蒜2粒	細蔥花1大匙

**上湯
蛤蜊麵**

調味料 醬油、酒各1大匙、鹽、糖各少許、麻油1茶
匙、胡椒粉少許

做法

(1)海瓜子或小蛤蜊均要吐淨沙子，洗淨、瀝乾水分待用。大蒜拍碎一些；美白菇
切除一些根部、分成小束。

(2)起油鍋用2大匙油爆香大蒜，放下海瓜子炒一下，再加入美白菇同炒，淋酒、
醬油和水約4大匙，以大火炒拌，蓋上鍋蓋燜至海瓜子開口。

(3)放下其餘調味料拌勻，就把海瓜子等盛出，湯汁留在鍋中，注入清湯，煮滾後
加鹽調味即關火。

(4)細麵煮熟，挑至麵碗中，加入已調味的上湯，再將炒好的海瓜子盛放在麵條
上，撒下蔥花便可上桌。

安琪老師的小叮嚀 { 海瓜子要吐淨沙子，如果炒的時候還發現有沙子，就要把湯汁放置
一下，使沙子略為沉澱再用。 }

菜肉鮮蝦餛飩麵

個頭飽滿的菜肉鮮蝦餛飩，
配上鹹香的榨菜絲，
清淡漂亮的湯頭，
完全不搶戲，
卻能將菜肉鮮蝦餛飩的鮮、
香完全展現出來。

材料

青江菜300公克
絞肉150公克
蝦仁150公克
餛飩皮400公克
細麵400公克
清湯或開水6杯
榨菜絲適量

調味料

①鹽1/6茶匙、麻油1/2茶匙、白胡椒粉少許

②鹽1/3茶匙、水2大匙、淡色醬油1大匙、麻油
1大匙、油1大匙

做法

1　青江菜洗淨後放入滾水川燙一下，撈出沖冷水，瀝乾水分，再剁碎。

2　蝦仁先用鹽抓洗一下，用水沖洗至沒有黏性，瀝乾後再以廚房紙巾吸乾水分，視蝦仁大小切成2或3粒，拌上調味料①調勻，放入冷藏1小時。

3　絞肉再剁細一點，加入調味料②仔細調拌均勻。

4　將剁碎的青菜加入肉餡中，調拌均勻，再加入蝦仁，做成餛飩餡料，包入餛飩皮中。

5　麵碗中放煮滾的清湯，加醬油、鹽、麻油各少許。

6　水燒開，放入麵條煮熟，放入麵碗中，再放下餛飩煮至浮起，放到麵上，可以再加入適量的榨菜絲。

安琪老師的小叮嚀

1.一般菜肉餛飩沒有放蝦仁，自己做餛飩可以豐富一些，加入蝦仁更鮮美。

2.另有廣東式的鮮蝦雲吞、上海式的蝦肉餛飩和溫州大餛飩，在超市可以買到冷凍的，都可以煮成餛飩麵。

三鮮湯麵

材料

蝦仁150公克	小白菜150公克
肉片100公克	細麵400公克
水發魷魚150公克	蔥2支
水發木耳1/2杯	清湯6杯

調味料

①鹽1/6茶匙、太白粉1茶匙

②醬油1茶匙、太白粉2茶匙

③酒1/2大匙、醬油2茶匙、鹽適量、白胡椒粉少許、麻油1/2茶匙

做法

(1)蝦仁用鹽抓洗一下、再用水沖淨,擦乾水份,加調味料①拌醃20分鐘。

(2)肉片以調味料②和水1大匙拌醃20分鐘;魷魚在表面劃切直條刀紋,再切成片。

(3)以2大匙油爆香蔥段,淋下酒,注入清湯,放下木耳,煮至滾。

(4)放下三鮮料及切段之小白菜,待湯再滾時,撇去表面之浮沫,加醬油、鹽和胡椒粉調味,滴下麻油。

(5)麵條煮熟後放入碗中,澆淋上三鮮料即可。

安琪老師的小叮嚀

{ 「三鮮」的材料搭配,可按個人喜愛而決定,常用的尚有海參、花枝、肚片、蛤蜊、雞肉;配料也可放金針、筍片、胡蘿蔔、各種菇類等。 }

什錦海鮮意麵

材料

鮮貝80公克　　　　蘆筍3支
蝦仁80公克　　　　意麵200公克
蟹腿肉80公克　　　蔥絲少許
香菇2朵

調味料

蠔油1大匙、酒1/2大匙、清湯4杯、鹽1/4茶匙、糖1/2茶匙、胡椒粉少許、麻油少許

做法

(1)鮮貝一個片為兩片；蝦仁剖背；蟹腿肉一粒粒分開。

(2)香菇泡軟，用少許醬油、糖、油和泡香菇水蒸15分鐘，取出切片；蘆筍切斜段。

(3)起油鍋爆香蔥絲和香菇，放下蘆筍先炒一下，淋下蠔油和酒，注入清湯，再加入其他調味料煮滾。

(4)放下鮮貝、蝦仁及蟹腿肉等海鮮料，煮至7~8分熟時便可關火。

(5)意麵在滾水中燙煮一滾後，全部撈到砂鍋中，倒下海鮮料拌勻，再煮滾後淋下麻油，同時再挑勻即可。

大肉麵

材料
五花肉(3公分寬)400公克
青菜任選
細麵300公克

調味料
①蔥2支、薑2片、八角1顆、酒2大匙
②大蒜2粒、紹興酒2大匙、醬油5大匙、鹽適量、糖1茶匙

做法

(1)五花肉整塊放入湯鍋中,加入滾水4杯和調味料①,煮約40分鐘,取出。待涼後切成約1公分厚、5~6公分寬的大片。

(2)大蒜拍一下,用1大匙油將蒜爆香,淋下酒和醬油炒香,放下肉片和煮肉的湯汁(包括蔥等),小火再燉煮約40~60分鐘至肉已達喜愛的爛度。加入鹽和糖調味。

(3)麵碗中加適量燒肉湯汁、少許醬油、鹽和蔥花,沖下開水(約到碗的2/3深度),放入煮熟的細麵、五花肉排和燙熟的青菜。

安琪老師的小叮嚀

{ 這是從前在上海流行的一種過生日吃的麵,五花肉煮至油都融出,因此嫩且不膩。 }

材料	小黃魚4條	蔥 1支
	老鹹菜(或雪裡紅)150	薑2~3片
	公克	雞蛋麵300公克
	筍1支	

鹹菜黃魚麵

調味料
①鹽、酒、太白粉各少許
②酒1大匙、鹽適量、胡椒粉少許

做法

(1)黃魚取下兩面的魚肉,同時將魚肚子部分的小刺都剔除,魚頭和魚骨留用。

(2)魚肉用調味料①抓拌均勻,放入冰箱中冰20分鐘以上。

(3)老鹹菜洗淨,梗子部分切碎,葉子部分取一半留用;筍子煮熟、切片。

(4)鍋中燒熱2大匙油,爆香蔥段和薑片,再放入剔下的魚骨炒一下,淋下酒和水6
杯,同時放入鹹菜葉子,一起熬煮30分鐘。過濾出湯汁備用。

(5)麵條放入滾水中燙煮至滾,撈出後沖一下冷水,再直接放入魚高湯中,加入鹹
菜末和筍片一起再煨煮至麵條已軟,加鹽和白胡椒粉調味。

(6)放下黃魚,蓋上鍋蓋燜煮一下(約2~3分鐘),至黃魚已熟即可盛出裝碗。

香菇麵筋素麵

香菇、麵筋、胡蘿蔔；
菠菜、麵條、素高湯，
再簡單不過的材料，
誰說大魚大肉才可口？
禪味十足的素麵也可以很有滋有味！

材料

香菇5朵
麵筋10個(小麵筋可用1杯)
筍子1小個
胡蘿蔔數片
菠菜1小把
扁麵300公克
素高湯(或水)4~5杯

調味料　醬油1大匙、　鹽適量、糖1/4茶匙、麻油1/4茶匙

做法

1　香菇泡軟後剪去蒂頭、切片；麵筋泡溫水至軟，擠乾水分；筍子切片。

2　鍋中用2大匙油炒香香菇和筍片，淋下醬油炒香，倒下素高湯或水2/3杯，煮滾後再以小火煮10分鐘。

3　放入胡蘿蔔和麵筋炒勻，再煮2~3分鐘，加鹽和糖調味，滴下麻油。

4　以多量的水將麵條煮熟；菠菜燙熟。

5　麵碗中放1茶匙醬油和適量鹽，沖入素的熱高湯或水，放下麵條及菠菜，再將香菇等料(連湯汁)放在麵上。

安琪老師的小叮嚀

{
1.先以少量水來煮香菇等料會較入味，覺得麻煩可以直接用全部的素高湯(或水)一起煮。
2.如果要用泡香菇的水做素高湯，一定要在香菇泡5~10分鐘後，抓洗一下香菇，洗去乾香菇的雜質，再換水來泡。
}

打滷麵

材料

豬肉片60公克
蛤蜊12粒
蝦仁12隻
黃瓜1支

木耳、金針菜各隨意
蛋1個
清湯5杯
細拉麵300公克

調味料

①醬油1/2茶匙、水1茶匙、太白粉1/2茶匙
②醬油1大匙、鹽1/2茶匙、太白粉水適量、麻油1/2茶匙、胡椒粉少許

做法

(1)豬肉片加調味料①拌勻,醃20分鐘。

(2)蛤蜊煮至開口即撈出、待稍涼時剝出肉。

(3)黃瓜切片;乾木耳泡軟、洗淨、摘好、撕成小朵;金針泡水至軟,沖洗一下。

(4)清湯(包括煮蛤蜊的清湯)加木耳和金針煮滾,放下肉片、蝦仁和黃瓜,再煮滾。

(5)加入調味料②調味並勾芡,淋下蛋汁成片狀,放下蛤蜊肉,關火。

(6)麵條煮熟後放入麵碗中,澆下打滷料即可。

安琪老師的小叮嚀

{ 傳統北方的打滷料中常見的還有海參、乾蘑菇、黃瓜片、胡蘿蔔片。 }

材料

肉片80公克
蝦仁80公克
新鮮魷魚80公克
魚板數片
水發木耳1/2杯

胡蘿蔔片80公克
高麗菜120公克
蔥 2支
細拉麵300公克

燴烹麵

調味料　醬油1大匙、鹽1/2茶匙、清湯或水5杯、胡椒
粉1/4茶匙、麻油1/2茶匙

做法

(1)煮熟的豬肉直接切片，如用生豬肉片則需用少許醬油和太白粉抓拌一下。

(2)蝦仁洗淨抽除黑色腸砂；鮮魷切花；木耳摘成小朵；高麗菜切寬條。

(3)用2大匙油炒香蔥段及肉片，再放下胡蘿蔔片、高麗菜及木耳，炒軟後沿鍋邊
　　淋下醬油炒香。

(4)倒下清湯煮滾，改中火再煮片刻，放下蝦仁、鮮魷和魚板煮熟，撒下鹽、胡椒
　　粉及麻油調味，關火。

(5)麵條煮熟，放入碗中，將湯及什錦料都盛入碗中。

安琪老師的小叮嚀

{ 這是一種在日本很受歡迎的湯麵做法，將什錦料炒香後，以
高湯燴入鍋中，更有鍋氣，因此稱為燴烹麵。 }

雪菜
肉末麵

材料

絞肉120公克	紅辣椒1支
雪裡紅300公克	細麵300公克
蔥花少許	清湯4~5杯

調味料

①醬油1大匙、糖1/2茶匙、鹽少許
②醬油1大匙、鹽1茶匙、麻油1/4茶匙

做法

(1)雪裡紅漂洗乾淨,擠乾水分,嫩梗部分切成細屑,老葉不用,再擠乾一些。

(2)將3大匙油燒熱,放入絞肉炒熟,加入紅辣椒圈和雪裡紅快速拌炒,見雪裡紅已炒熱,加入醬油和糖再炒一下。

(3)加入約3~4大匙的水將味道炒勻,可適量加鹽調整味道。

(4)麵煮熟,分別盛放入麵碗中;清湯煮滾,加調味料②調味,倒入麵條中,再澆上適量的雪裡紅肉末。

材料

干貝4粒
鮮貝6粒
大白菜200公克
蔥花1大匙

高湯3杯
細麵300公克
芹菜末適量

雙貝煨麵

調味料　醬油2茶匙、鹽適量

做法

(1)干貝放在碗中，加水、水要蓋過干貝約1~2公分，蒸30分鐘，放涼後略撕散。

(2)鮮貝自然解凍後橫片成兩片，撒上少許鹽和太白粉拌一下。

(3)鍋中熱2大匙油炒香蔥花和白菜，再加入高湯、干貝和蒸干貝的汁，煮約3~5分鐘。

(4)麵條放入滾水中煮至再滾後撈出，在冷水中涮一下。

(5)待白菜略軟，放入麵條，煮滾後改小火再煮一下，將麵條煮至喜愛的軟爛度。

(4)加醬油調色，以及加鹽調味，最後放下鮮貝，一燙熟即可關火，裝碗後點綴少許芹菜末。

蝦腰湯麵

口感扎實的蝦仁；
清脆的腰子，
加上甜爽的湯頭，
與乾拌麵相比，
清澈的湯頭讓麵吃起來更別具風味。
冷冷的天裡吃上一碗，
從頭到腳都暖了起來。

材料

蝦仁120公克
豬腰1個
青豆(或毛豆)1大匙
熟筍片100公克
蔥 2支
嫩薑5片
細麵300公克
清湯4杯

調味料

①鹽1/5茶匙、蛋白1/2大匙、太白粉1茶匙

②酒1大匙、淡色醬油2大匙、糖1/4茶匙、鹽1/4
茶匙、水1/4杯、胡椒粉少許、麻油1/4 茶匙

做法

1　蝦仁用鹽抓洗一下，用水沖淨後，擦乾水份，以調味①拌勻醃1小時。

2　腰子剖開成兩片，剔除中間白筋，在表面上劃切交叉刀口，每一片分割成6小塊，用清水多沖洗並浸泡幾遍，至水不混濁時，投入滾水中泡至8分熟，撈出。

3　鍋中將4~5大匙的油燒熱，放下蝦仁過油炒熟，盛出。

4　另用1大匙油爆香蔥段和薑片，放下筍片、青豆、蝦仁及腰花，大火拌炒一下，淋下酒再加入其餘調味料②，拌炒均勻，連汁盛出。

5　麵條煮熟裝入碗中，清湯加熱後以少許醬油及鹽調味，倒入麵碗中，再將蝦腰澆頭放在煮熟的麵條上。

安琪老師的小叮嚀

{ 腰子的處理必須仔細，筋脈要去乾淨，並多換幾次水徹底清洗，避免尿騷味。 }

材料	土雞半隻	青江菜300公克
	蔥 2支	雞蛋麵300公克
	薑 2片	

土雞煨麵

調味料　紹興酒1大匙、鹽適量

做法

(1)將雞在滾水中燙過後洗淨。

(2)另煮滾水8杯，放下雞、蔥、薑和酒，小火燜煮50分鐘，取出雞放涼後，拆去雞骨。雞骨放回湯中再熬煮半小時，撈除雞骨。

(3)去骨的熟雞肉改刀切成小塊；青江菜洗淨、切短段。

(4)滾水中將細麵煮滾即撈出；青江菜亦燙過撈出。

(5)將麵、雞肉和青菜一起放入湯中，加鹽調味，再煨煮約5分鐘至入味即可。

安琪老師的小叮嚀　{ 要煨煮的麵條在煮熟且撈出後，可放入冷水中過一下，以除去麵條外層的麵水，使麵條及湯汁較爽口，如用一般細麵則不用。}

材料

雞半隻
薑30公克
蒜頭4粒

細麵450公克
韭菜酌量

**雲南
燜雞麵**

調味料　辣豆瓣2~3大匙、醬油1大匙、鹽適量、胡椒粉
少許、清湯7杯

做法

(1)雞連骨剁成小塊；薑切片；蒜頭拍碎。

(2)燒熱油3大匙，放下薑片和蒜頭爆香，再放下雞塊炒至變色，放入辣豆瓣醬繼
續炒至香氣透出，加入3杯清湯煮滾，改小火燜30分鐘做成主料。

(3)另外清湯4杯煮滾，加入主料，再加調味料調味，放下煮好的麵條煨煮約1分鐘
便可關火，裝入碗中，放下燙過的韭菜段便可上桌。

安琪老師的小叮嚀

{ 先以較少量的水煮雞肉可以使肉入味，再加入清湯稀釋。 }

097

擔擔湯麵

材料
細麵300公克
大頭菜末(或榨菜)2大匙
絞肉200公克
細蔥花2大匙
清湯3杯

調味料
①醬油1大匙、酒1/2大匙、花椒粉1/2茶匙、辣油1/2茶匙
②芝麻醬1大匙、花生醬1/2大匙、水約4匙、醬油1大匙、糖少許、鹽1/4茶匙、醋1/2茶匙、蒜泥水1大匙、花椒粉1/3茶匙、辣油1茶匙

做法

(1)絞肉用油炒至熟,再續炒至油滲出,淋下醬油、酒再炒一下,加入水1杯,煮滾後再改小火煮20分鐘,至湯汁收乾,加入花椒粉及辣油做成辣肉燥。

(2)芝麻醬和花生醬先用水調開、調稀;大蒜磨泥;取約1茶匙的量和水1大匙調勻。將所有調味料調在一起,分裝在4個小碗中。

(3)細麵條放入多量的滾水中煮熟(煮滾時要加約1/2杯冷水續煮至熟),撈出、瀝乾水分,放入碗中。

(4)撒上大頭菜、辣肉燥1大匙和細蔥花,沖下2/3杯的熱清湯。

安琪老師的小叮嚀 { 在許多地方如上海、美國的擔擔麵均是帶湯的,和台灣流行乾的擔擔麵不同。 }

材料

瘦絞肉150公克
紅蔥酥1大匙
薄餛飩皮30張
麵條300公克

清湯6杯
芹菜2支
香菜適量

扁食麵

調味料

①鹽1/4茶匙、水2大匙、白胡椒粉1/6茶匙、麻油數滴
②醬油少許、鹽適量、白胡椒粉少許、紅蔥酥(連蔥油)2大匙

做法

(1)較大顆粒的紅蔥酥再剁碎一點，加入絞肉中。

(2)再加入其他調味料①攪拌成肉餡。挑一點肉餡放在小張餛飩皮上，捏緊、收口，包成餛飩(即為台式扁食)。

(3)清湯煮滾，碗中各放下紅蔥酥、芹菜末、醬油、胡椒粉和鹽，沖下清湯。

(4)煮滾多量的水，放下麵條煮熟，挑適量麵條放在清湯中，再加入煮熟的扁食和少許的香菜。

安琪老師的小叮嚀

{ 1.扁食即為台式餛飩，皮薄、較為小顆。
2.將紅蔥頭切薄片，用油炸酥後，連油帶蔥酥一起使用更香，買現成紅蔥酥需注意香氣，不可有油耗味。 }

四季紅魚麵

藉著紅魚肉的鮮美，
一條紅魚只做成一碗麵，
當初只希望它能維持病中爸爸的體力。
這道承載著我跟爸爸記憶的麵，
雖然經過了這麼多年，
現在做來，
仍會令我潸然淚下。

材料

紅魚(赤鯮)2條(約300公克)
四季豆150公克
蔥 2支
薑2片
細麵300公克

調味料　酒1大匙、鹽適量、胡椒粉少許

做法

1　紅魚刮鱗洗淨後，擦乾水分；四季豆斜切成細絲。

2　燒熱3大匙油爆香蔥、薑，再放下紅魚略煎(兩面均煎)，淋酒並注入水6杯，煮滾後改小火煮約5分鐘。

3　挾出紅魚，待稍涼後，細心剔下兩面之魚肉(盡量保持大片)，再將魚頭、魚骨及肚子部分放回湯中，再熬煮20分鐘、至鮮味入湯中，用細篩網過濾。

4　細麵煮熟，過一下冷水後，放入魚湯中，再加四季豆絲及鹽和胡椒粉等調味料，小火煮約5分鐘，放下魚肉再煮一滾，即裝入碗中。

安琪老師的小叮嚀

{
1.紅魚肉細、味鮮，如果覺得去骨麻煩可以整條燒，但是要小心魚刺。
2.可以用去骨的石斑或青衣或鯛魚魚肉來代替，只是沒有魚骨煮魚高湯，要另備高湯。
}

番茄
豬肝麵

材料

豬肝250公克　　　　　薑片3片
紅番茄2個　　　　　　細麵300公克
黃瓜1支　　　　　　　清湯4~5杯

調味料

①醬油1茶匙、酒1茶匙、白胡椒粉少許、太白粉2茶匙

②醬油1大匙、鹽適量、糖1/4茶匙、胡椒粉少許

做法

(1)豬肝切薄片後,以調味料①拌醃2~3分鐘,投入滾水中泡煮5~10秒鐘撈出。

(2)清湯煮滾,加醬油少許及鹽調味。

(3)用2大匙熱油爆香蔥段和薑片後,放下切塊的番茄 和水1/2杯,小火煮1~2分鐘,放下黃瓜片、豬肝片及調味料②,以大火拌炒均勻,關火。

(4)麵條煮熟,放入碗中,加入已調味之清湯,並把炒好的豬肝料分別放在麵條上。

安琪老師的小叮嚀

{ 炒好的豬肝料也可以另外用小碗或小餐碟盛裝,與麵一起 上桌。 }

材料	蝦子5~6隻	洋蔥末2大匙
	蛤蜊10粒	大蒜末1/2 大匙
	新鮮魷魚1/2條	清湯4杯
	熟紅番茄1個	細拉麵250公克

茄汁海鮮拉麵

調味料　酒1大匙、番茄膏1大匙、鹽、胡椒粉各適量

做法

(1)蝦子抽砂腸；蛤蜊泡鹽水吐沙；魷魚切圓圈；紅番茄燙過、去皮、切小丁。

(2)用2大匙油炒香洋蔥末和大蒜末，加入番茄膏、蝦子和蛤蜊再炒，淋下酒，加入番茄和清湯，煮至滾。

(3)加入鮮魷，並以鹽和胡椒粉調味。

(4)麵條煮熟，盛放碗中，澆下海鮮料和湯汁。

安琪老師的小叮嚀
{ 也可以用番茄醬代替番茄膏，番茄膏較有濃縮番茄的味道，且顏色好看，用番茄醬可以略加多一些。 }

酸辣湯羹麵

材料

絞肉200公克　　　　清湯或水6杯
胡蘿蔔100公克　　　細麵400公克
金針菇1/2把　　　　芹菜末2大匙
水發木耳60公克　　　香菜段適量
豆腐1/2塊

調味料

①水2大匙、太白粉1茶匙
②酒1大匙、醬油2大匙、鹽1/2茶匙、太白粉水2½
大匙、醋3大匙、白胡椒粉1/2 茶匙、麻油1茶匙

做法

(1)絞肉中加調味料①攪拌均勻；胡蘿蔔切成絲；木耳洗淨、切絲；豆腐切條；金針
菇去根、切段。

(2)燒熱3大匙油將絞肉炒熟，再加入胡蘿蔔、金針菇和木耳炒勻，淋酒和醬油，再
注入清湯，煮滾後改小火煮2分鐘，加鹽調味，勾芡後關火，再加入醋、胡椒粉及
麻油。

(3)細麵煮熟裝碗，澆下適量的酸辣澆頭，撒下芹菜末和香菜即可。

材料

蝦米40公克

蔥 6支

細麵200公克

蔥開煨麵

調味料

紹興酒1大匙、醬油1茶匙、鹽適量

做法

(1)蝦米沖洗一下，用水泡軟，摘淨硬殼；蔥切成5公分長段。

(2)炒鍋中熱油3大匙，放入蝦米爆香，再放入蔥段，煎炒至蔥段有焦痕且有香氣。

(3)淋下酒及醬油，再加水5杯，大火煮滾後以小火燜煮10~15分鐘，加鹽調味。

(4)麵條放入滾水中煮至再滾時撈出，在冷水中涮一下，再放入湯汁中一起煨煮至麵條夠軟且入味即可。

人氣特色湯麵

夜市經典的蚵仔麵線、
魷魚羹麵，
濃濃台味的當歸鴨麵線、
麻油雞麵線，

人氣首選的牛肉麵、
日本拉麵，
饒具特色的鍋燒烏龍麵，
韓式海鮮泡菜麵，

都是讓人垂涎三尺的
人氣湯麵！

117

110

127

125

129

蚵仔麵線

肥美的鮮蚵，
有咬勁的大腸，
臺灣人記憶中最美的古早味，
因為刻苦的環境而產生的小吃，
不因環境的變遷，始終如一。
撒上香菜，滴上烏醋，
一碗最道地的台灣味。

材料

黃色麵線300公克	筍絲1/2杯
生蚵150公克	清湯6杯
番薯粉2大匙	紅蔥頭3粒
大腸150公克	柴魚片1包

調味料

①鹽適量調味

②大蒜泥、香菜、烏醋、醬油、胡椒粉、辣油
各適量

做法

1　生蚵先用鹽抓洗，再以清水沖淨、揀除硬殼，瀝乾後，加入番薯粉拌勻，放入滾水中，關火，泡10~15秒鐘，撈出、泡入冷水中。

2　大腸加鹽搓洗後再漂洗乾淨，放入鍋中加蔥、薑、酒、八角、醬油和水4杯煮1小時以上至爛。挾出待涼後，切成小段備用。

3　用2大匙油炒香紅蔥屑，注入清湯，再加入捏碎的柴魚片(可先以乾鍋烘烤一下會更酥)和筍絲，煮滾後改小火煮10分鐘。

4　麵線先洗一下，再入滾水中川燙一下，加入做法3的高湯中煮軟，加鹽調味並放下大腸再煮片刻，淋下調水之番薯粉勾芡，放下生蚵並關火。

5　裝入碗中後依個人喜好，加適量之調味料②即可。

安琪老師的小叮嚀

1.亦可加入胡椒粉、花椒粉和炒過的紅辣椒、蘿蔔乾調成麻辣麵線。
2.大腸可用電鍋蒸或以快鍋煮爛來用。
3.做蚵仔麵線的高湯中可加先蝦米煮出鮮味。

當歸鴨
麵線

材料

鴨子半隻

老薑1塊

川芎2片

當歸2片

麵線400公克

調味料 黑麻油3大匙、米酒1杯、鹽少許

做法

(1)鴨子剁成塊，放入熱水中燙煮一滾，撈出、洗淨。

(2)老薑不削皮、切片後用黑麻油及小火慢慢煸炒，炒到薑片縮水、微皺，倒入米酒，放下鴨子，並加入7杯水和川芎，煮滾後改小火煨煮，約1小時。

(3)關火前10分鐘，放入當歸同煮，關火前滴下數滴藥酒。

(4)麵線放在盤子上，入電鍋或蒸鍋中乾蒸5分鐘，取出放涼。

(5)煮滾水，放下麵線煮熟，分盛入碗中，放上鴨子，澆下當歸鴨湯即可。

安琪老師的小叮嚀

1.麵線蒸過、放涼再煮，口感較Q，且不易爛糊，也不會吸太多湯汁。

2.起鍋前再加入藥酒更有香氣，只要在玻璃瓶中放入當歸、蔘鬚和枸杞，泡2天以上即可食用。

3.做生意的店家會將鴨子整隻煮熟，再剁成塊，鴨肉較整齊、好看。

材料
土雞或半土雞半隻
老薑片100公克
麵線300公克

麻油雞
麵線

調味料　黑麻油1/2杯、米酒1½瓶(500cc)、冰糖1大匙、水3杯

做法

(1)將雞清理乾淨後剁成5公分大小的長方塊；老薑切片或拍扁均可。

(2)起油鍋,放下麻油和老薑，煏炒至香且黃時，放下雞塊以大火同炒。

(3)炒至雞皮略焦黃有香氣，約3~4分鐘左右，淋下米酒、6杯水及冰糖先用大火煮滾，再改用小火續煮約20分鐘，見雞肉已熟透即熄火。

(4)麵線用滾水燙煮至熟，撈出盛放在碗中，舀入麻油雞和雞湯即可食用。

安琪老師的小叮嚀

要麵線耐煮、不爛，請參考「當歸鴨麵線」。

材料

小排骨300公克
白蘿蔔400公克
番薯粉1杯
清湯4杯
油麵300公克

調味料

①醬油1大匙、鹽1/4茶匙、糖1/2茶匙、醋1/4茶匙、五香粉14茶匙、蒜泥1/2茶匙
②鹽1/2茶匙、胡椒粉少許、芹菜末少許

排骨酥麵

做法

(1)小排骨剁約1.5公分的小塊,用調味料①抓拌均勻,醃1小時左右。

(2)用番薯粉沾裹排骨,投入熱油中炸至酥黃,撈出。

(3)白蘿蔔切條塊,和排骨一起放入碗中,加入2杯清湯(加鹽和白胡椒粉調味),上鍋蒸30~40分鐘。

(4)油麵燙一下,分別放入麵碗中,加入排骨酥和白蘿蔔,再倒入蒸好的原汁和煮滾、調味的熱清湯,點綴芹菜末。

**麻辣
肉燥麵**

材料

絞肉300公克　　　　細麵400公克
香菇3朵(泡軟)　　　　青菜隨意挑選
紅辣椒1支　　　　　　蔥1支

調味料

①酒1大匙、蒜蓉辣椒醬1大匙、醬油2大匙、
鹽1/4茶匙 糖1/2茶匙 花椒粉1茶匙
②醬油、麻油、醋、辣油、花椒粉均隨意

做法

(1)香菇泡軟後切成小丁；紅辣椒去籽、切碎。

(2)鍋中燒熱2大匙油，放下絞肉炒散，待絞肉中的油滲出時，再放入香菇末和紅
椒末炒香。

(3)淋下酒、蒜蓉辣椒醬、醬油炒一下，再加入水2~3杯，煮滾後改小火煮約20分
鐘，待汁約剩1/2 杯時，加入其他調味料①調味，關火。即為麻辣紹子料。

(4)麵碗中依個人口味加入調味料②，放入煮熟的麵條、燙熟的青菜和做好的麻辣
紹子料，再加入煮麵條的水，撒下蔥花即可。

安琪老師的小叮嚀

有一些口味較重的麵碼，可以不用再準備高湯，只要
加入煮麵水或開水即可(煮麵水較濃濁時可加開水)。

魷魚羹麵

軟中帶脆的發泡魷魚，
香濃滑順的鮮甜羹湯，
畫龍點睛的九層塔，
就是這一碗，
叱吒台灣的當紅小吃，
人氣地位始終屹立不搖。

材料

水發魷魚1/2條	清湯4杯
筍1小支	油麵300公克
胡蘿蔔1小段	柴魚片1小把
蛋1個	太白粉
九層塔2~3支	番薯粉各1大匙

調味料

①大蒜酥、柴魚粉各1茶匙、醬油1大匙、鹽1/2
茶匙

②沙茶醬、麻油、胡椒粉、烏醋各隨意添加

做法

1　魷魚先切 5 公分寬條，再打斜刀切成片；筍子切絲(可用熟筍)；胡蘿蔔也切絲；九層塔摘葉子備用。

2　清湯放入鍋中，加入筍絲和胡蘿蔔絲煮一下，再加入全部的調味料①調味。

3　太白粉和番薯粉混合，加4大匙水調勻，將清湯勾芡成適當的濃稠度(太白粉水不必全部使用)，淋下蛋汁，放下魷魚片煮熟，最後再撒下捏碎的柴魚片，關火備用。

4　麵條煮熟，盛入碗中，澆上魷魚羹，隨意添加調味料②和九層塔葉即可。

安琪老師的小叮嚀

1.一般稱這種為「韓國魷魚羹」，魷魚發泡的時間短、較有魷魚的香氣，和傳統包裹魚漿的魷魚羹不同，包裹魚漿的魷魚要發泡的嫩一點。

2.乾魷魚發泡法：1/4 塊鹼(或2茶匙鹼粉)用10杯溫水溶化後放至涼，再將魷魚放入，浸泡至無硬心(約泡2小時的時候可以先試一下)，取出魷魚，多清洗幾次，再以冷水浸泡2~3小時，泡時多換幾次水。喜歡軟嫩一點的，可以泡水6~10小時，使魷魚更大。

3.台式的魷魚羹麵習慣放上幾片九層塔增香，若喜歡香菜味道，也可依口味做更改。

香菇
肉羹麵

材料

瘦豬肉120公克	魚漿200公克
香菇3朵	油麵300公克
白菜絲150公克	番薯粉1杯
胡蘿蔔絲1杯	清湯或水4杯
筍絲1杯	

調味料

①醬油1大匙、蠔油1/2大匙、酒1/2大匙、沙茶醬1/2大匙、蒜泥1/2茶匙

②醬油1大匙、鹽1/2茶匙

③烏醋、胡椒粉、辣油、蒜泥、香菜任意添加

做法

(1)豬肉切成條,用調味料①拌勻,醃30分鐘以上。

(2)鍋中用1大匙油炒香已泡軟、切絲的香菇,滴下醬油,再加入清湯(或水),同時加入白菜、胡蘿蔔、筍絲和紅蔥酥一起煮滾。

(3)用魚漿把豬肉條包裹起來,投入煮滾的香菇湯頭中,再煮2分鐘至熟,以鹽調味後,用太白粉水勾芡,滴下麻油。

(4)油麵在滾水中快速燙煮一下,撈出後盛入碗中,淋下肉羹料及湯,撒上少許胡椒粉、烏醋等調味料③、並加入香菜段即可上桌。

安琪老師的小叮嚀

另有一種肉羹是不用魚漿包裹、直接沾番薯粉,先川燙過之後,再入湯中煮熟的,喜歡的朋友可以試試!或者直接買做好的肉羹來煮麵就更快速了!

排骨麵

材料

豬大排2片
豬清湯3杯
青江菜4棵
細麵200公克

調味料

①蔥1支、大蒜2粒、醬油2大匙、糖1茶匙、酒1大匙、粗粒黑胡椒粉1/4茶匙、水2大匙、麵粉1大匙、太白粉1大匙
②醬油1茶匙、鹽適量、蔥花1大匙

做法

(1)蔥和大蒜先拍裂，和調味料①拌勻成醃肉料。

(2)豬排沖一下，擦乾水分，用刀背或肉槌拍鬆且拍大，用醃肉料拌勻，醃1小時以上。

(3)鍋中將3杯油燒至7~8分熱(150℃)，放入排骨，先以中火炸熟，取出排骨，油再燒熱，大火把豬排再炸15~20秒鐘，夾出，瀝淨油，切成條。

(4)湯碗中先放1/2茶匙醬油和適量鹽及蔥花，沖下熱清湯。

(5)細麵煮熟，青江菜燙熟，放入湯碗中，排骨可以放在麵上，或另外盛盤，以"過橋"的方式呈現。

117

材料

豬腳1支   青江菜4棵
蔥2支   中拉麵500公克
薑4片   蔥花2大匙
八角1顆

豬腳麵

調味料

紹興酒2大匙、醬油1/2杯、冰糖2茶匙、鹽適量

做法

(1)豬腳請肉販剁成塊,放入滾水中川燙1~2分鐘,撈出、洗淨。

(2)鍋中熱1大匙油爆香蔥段和薑片,再加入豬腳、酒、醬油和八角,炒一下後加入4杯水,火煮滾後,改小火燉1個半小時至喜愛的軟度(煮1小時後加入冰糖同煮)。

(3)煮滾一鍋水,放下麵條煮至熟。麵碗中放適量鹽、紅燒豬腳的湯汁、蔥花和熱清湯(或熱水),夾出麵條放入碗中,再放上豬腳即可。

安琪老師的小叮嚀

1.豬前腳瘦肉較多,後腳則肉少而筋多,可隨個人喜愛而選擇。
2.紅燒豬腳因較費時,可以用快鍋或燜燒鍋來煮,這兩種鍋具煮好後湯汁較多而清淡,要再打開鍋蓋,用大火收濃湯汁,以使湯汁有香氣且濃稠。

材料	帶筋牛腩(或肋條肉)2公斤	西芹1支
	牛大骨2公斤	胡蘿蔔1/2支
	蔥 2支	甘草2~3片
	薑1小塊	細麵600公克
	洋蔥1/2個	青蒜絲1/2杯
		香菜、蔥花適量

清燉
牛肉麵

調味料　①酒4大匙、魚露1~2大匙、鹽適量

做法

(1)牛肉切成2~3大塊，和牛大骨一起燙煮2分鐘，撈出、洗淨。

(2)洋蔥切塊：西芹切段：胡蘿蔔切條，三種蔬菜和蔥、薑、甘草、2大匙酒、牛肉、牛大骨和水10杯，一起燒3小時以上，煮約1個半小時，取出牛肉。

(3)待牛肉涼後切成厚片塊狀備用：湯汁過濾。

(4)將牛肉塊和大骨高湯放入鍋中，加入2大匙酒和魚露，再煮30分鐘以上至肉夠爛，加鹽和魚露再調味即可。

紅燒
牛肉麵

一碗浮著紅油的牛肉麵裡
有著台灣獨特的眷村文化，
在那美好年代裡，
夾著多少濃濃的思鄉情懷，
時過境遷，
現在，則成了觀光大使，
慕名而來的遊客，
只為一嘗這碗名譽國際、香醇味濃的好麵。

材料

帶筋牛腩(或肋條)1公斤	薑2~3片
美國牛腱心1公斤	紅辣椒1支
牛大骨2公斤	大蒜3粒
蔥2支	細麵600公克

調味料

牛高湯料
蔥2支、薑4~5片、大蒜3~4粒、八角 2粒、甘草3~4片
調味料
酒6大匙、辣豆瓣醬2大匙、醬油2大匙

做法

1 牛肉和牛大骨一起川燙一下,撈出洗淨。

2 鍋中煮滾16杯水(4公升),放入牛骨、牛肉、酒3大匙及煮高湯料,大火煮滾,改小火熬煮。

3 在40分鐘時取出牛腱,在1個小時的時候,取出牛腩肉(或肋條),續熬煮大骨至3小時,過濾掉牛大骨等。

4 牛肉涼後分別切長塊。鍋中加入3大匙油將蔥、 薑、蒜及紅辣椒段炒香,加入辣豆瓣醬、醬油和牛肉一起炒香,加入牛高湯,煮滾後改小火,再煮30分鐘以上,至牛肉夠軟爛,加適量鹽調味。

5 麵條煮至喜愛的Q度,盛入碗中,放上牛肉塊及牛肉湯,附切細的蔥花或青蒜絲。

安琪老師的小叮嚀

1.紅燒牛肉麵喜歡配炒過的酸菜絲,切絲的鹹菜先泡水漂去鹹味,擠乾水分後放入乾鍋中炒至香氣透出,再加油去炒香蒜粒,加約1茶匙醬油和米酒烹香即可。
2.省產牛肉較不易煮爛,先將牛肉煮至六、七分爛即可取出。
3.麵條也可替換較有咬勁的拉麵。

咖哩
牛肉麵

材料

美國牛腱心2個(約400公克)	八角1粒
牛大骨2公斤	甘草3~4片
蔥2支	洋蔥1/2個(切絲)
薑1塊	大蒜末1大匙
蒜3~4粒	扁麵600公克
	青蒜絲1/2杯

調味料 咖哩粉2大匙、咖哩塊2塊、酒6大匙、醬油3大匙

做法

(1)牛肉和牛大骨一起川燙一下,撈出洗淨。

(2)鍋中煮滾10杯水,放入牛骨、牛肉、蔥、薑、蒜、八角、甘草及酒3大匙,大火煮滾,改小火熬煮,50分鐘時取出牛腱,續熬大骨至3小時。

(3)牛腱放冷後切片;牛高湯過濾,加鹽調味。

(4)鍋中用2大匙油將洋蔥絲和大蒜末炒香,再加入咖哩粉炒香,加入3杯清湯煮滾,改小火煮20分鐘,過濾後即成咖哩高湯。

(5)咖哩湯中加入牛肉片,再加入咖哩塊煮至咖哩塊融化,如有需要,加鹽調味、浸泡10分鐘。

(6)麵條煮熟,放入麵碗中,加入牛高湯和咖哩高湯,再放上牛肉片和青蒜絲。

材料

火鍋牛肉片100公克
洋蔥絲少許
綠豆芽1杯
九層塔嫩葉2~3支

檸檬1/2個
意麵200公克
清湯4杯

越式沙茶鮮牛麵

調味料　沙茶醬1大匙、魚露1茶匙、鹽適量

做法

(1)洋蔥絲泡入冷水中去除辣氣；綠豆芽洗淨、瀝乾水分。

(2)意麵煮熟，放入碗中，同時放上綠豆芽和洋蔥。

(3)小鍋中將清湯煮滾，放入沙茶醬和魚露及鹽調味，加入牛肉片，快速挑散。

(4)煮至牛肉剛變色即關火，全部淋到麵條上，挑拌一下麵條即可放上九層塔、附檸檬上桌。

安琪老師的小叮嚀

1.洋蔥絲和綠豆芽都要瀝乾或以紙巾吸乾水分，以免降低湯的溫度，也可以將綠豆芽燙一下去生味。

2.越式鮮牛麵也有將生的牛肉鋪在麵條上，再以高溫的湯沖下去、將牛肉燙熟，家庭烹調可以用燙熟法，比較安全。

沙茶
牛肉麵

材料

瘦牛肉片200公克

綠豆芽100公克

麵條300公克

清湯4碗

香菜適量

調味料

①醬油1大匙、小蘇打1/6茶匙、水2大匙、太白粉1/2 大匙

②沙茶醬2大匙、醬油1大匙、鹽適量

做法

(1)牛肉切片,調味料①調勻後放下牛肉片抓拌均勻,使牛肉吸收水分。

(2)鍋中煮滾大量水,將麵煮熟,撈出、瀝乾水分,放在碗中。

(3)另外鍋中燒熱4大匙油,放下牛肉過油炒熟,盛出、放在麵條上。

(4)小鍋中將清湯煮滾,放入調味料②調味,放下綠豆芽燙,一起澆在麵條上。

材料	雞肉片50公克	青菜2支
	小蝦4隻	蛋2個
	蛤蜊6粒	烏龍麵150公克
	新鮮香菇2朵	蔥、柴魚片1/2杯
	魚板4片	乾昆布1小段(約5公分)

鍋燒烏龍麵

調味料 鹽1/2 茶匙、胡椒粉少許

做法

(1)雞肉切片；蝦抽除砂腸；香菇洗淨、切成片或切上花紋。

(2)昆布放在4杯水中，泡10分鐘後開火，以小火煮至將滾起時，放下柴魚片即關火，待柴魚片都沉入鍋底，過濾做成柴魚高湯。

(3)柴魚高湯放入鍋中，放下烏龍麵及各種材料，蓋上蓋子煮滾。

(4)打下一個雞蛋，關火、蓋上鍋蓋即可送食。

安琪老師的小叮嚀

日式烏龍麵多以柴魚味做為湯底，要簡單一點可直接
採用柴魚風味醬油或用一點柴魚粉。

材料

日式叉燒肉或醬肉6大片	蔥花1大匙
滷筍絲2大匙	大骨高湯3杯
海帶芽2大匙	細拉麵2球約250公克
熟玉米粒2大匙	

日式拉麵

調味料 醬油1大匙、麻油1茶匙、鹽1/4茶匙、胡椒粉少許

做法

(1)大碗中先放入醬油、鹽、胡椒粉及麻油,並將煮滾的高湯沖下。

(2)細拉麵煮熟馬上放入高湯中。

(3)在麵上排放肉片、滷煮過的筍絲和玉米粒,再將已泡散且燙過滾水的海帶芽,取一些鋪在麵上,撒下蔥花即可上桌。

安琪老師的小叮嚀

1.日式拉麵用的高湯,一般是將全雞、豬骨(約1公斤)燙過,加水及蔥、薑、大蒜、洋蔥和酒,長時間熬煮(至少2、3小時以上),要不停地撇去浮沫和油脂,最後再用篩網過濾。

2.日式叉燒肉是將前腿梅花肉用棉繩綁好,放入加了蔥、薑、八角、月桂葉、醬油、酒及冰糖的滷湯中滷煮1個半小時,待冷後切片即可。再將撕成條的筍絲放入滷湯中,煮滾關火、浸泡20分鐘。

材料

香菇3朵	木耳絲1杯
洋菇5~6粒	油豆腐3個
鴻喜菇1把	細麵200公克
金針菇1/2包	素高湯3杯

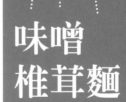

味噌
椎茸麵

調味料 醬油1/2 大匙、味噌醬2大匙、鹽適量

做法

(1)香菇泡軟後切成絲；洋菇切片；鴻喜菇切除根部；金針菇切除根部後再切為兩段；油豆腐切成寬條。

(2)用2大匙油將香菇炒香，再加入洋菇和鴻喜菇炒一下，滴下醬油炒勻，加入素高湯煮滾。

(3)放下金針菇、木耳絲和油豆腐條，煮滾2~3分鐘。

(4)麵條煮滾後撈出，放入菇茸湯中再煮1~2分鐘至麵條已熟。

(5)將味噌醬放入篩網中，拿湯匙磨動味噌融入湯中，再適量加鹽調味即可。

韓式海鮮泡菜麵

材料

鮮蝦6隻	蔥1支
火鍋肉片80公克	大蒜2粒
新鮮香菇3朵	麵條200公克
韓國泡菜1碗	清湯或水4杯
芹菜2支	

調味料 魚露1大匙、辣椒粉少許

做法

(1)鮮蝦抽除腸泥；肉片抓拌少許醬油、太白粉和水；鮮香菇切厚片；芹菜留部分葉子，一起切成段；蔥切段；大蒜磨成蒜泥。

(2)鍋中熱油2大匙，放蔥段炒香，接著下韓國泡菜炒一下，加入清湯和鮮香菇煮滾。

(3)放入鮮蝦後再加入肉片，以魚露調味後放下蒜泥和芹菜段即關火。

(4)麵條煮熟後挑入碗中，再盛入泡菜湯及料，撒上少許辣椒粉。

安琪老師的小叮嚀

麵裡也可以用韓國的黃豆醬或味噌來調味。

材料	鮮蝦6隻	香菜根2~3支
	蛤蜊10粒	意麵150公克
	鴻喜菇5~6粒	冬蔭功湯塊(或冬蔭
	西芹1/2支	功醬)1~2塊(匙)
	小番茄5粒	檸檬1/2個

泰式茄汁海鮮麵

調味料　魚露1茶匙、鹽適量、胡椒粉少許

做法

(1)蝦子抽砂腸；西芹切段；草菇切半；番茄切塊。

(2)鍋中放水4杯，煮開後放下香菜根和東蔭功湯塊，依個人口味，可用1或2塊。

(3)煮滾後，放下鴻喜菇、西芹和番茄，再一滾即加入蝦子和蛤蜊，可略加魚露、鹽和胡椒粉調味。

(4)麵條煮熟，澆上酸辣海鮮湯，附檸檬上桌即可。

安琪老師的小叮嚀

冬蔭功(TOMYUM)塊是做泰式酸辣菜式的速成調味塊，也有瓶裝的醬，酸辣度可依個人喜好加紅油、新鮮辣椒或檸檬調味。

噴香惹味
炒麵

不管是台式炒油麵、
台式海鮮炒麵,
或是日式炒烏龍麵、
港式廣州炒麵,

一盤盤配料豐富、
熱呼呼的炒麵,

吃上一盤,
馬上恢復元氣!

135

132

137

143

134

蠔油牛肉
炒麵

蠔油的鮮香、
滑嫩的牛肉、
清甜的芥藍菜，
在熾熱的爐火中翻滾，
散發出陣陣誘人的香味，
馬上挑起讓人想吃的慾望。

材料

嫩牛肉150公克　　　　　蔥2支
杏鮑菇(或秀珍菇)80公克　嫩薑片6片
胡蘿蔔1小段　　　　　　雞蛋麵300公克(或乾麵
芥蘭菜數支　　　　　　　餅3片)

調味料

牛高湯料
蠔油1/2大匙、太白粉1/2人匙、水2大匙、小蘇
打1/6茶匙、糖1/4茶匙
調味料
酒1茶匙、蠔油1大匙、醬油1/2大匙、糖1/2茶
匙、清湯3/4杯、麻油1/4茶匙

做法

1　牛肉逆紋切成片，醃肉料先調勻後放下牛肉抓拌均勻，醃1小時以上。

2　杏鮑菇切寬條；芥蘭菜摘好，用滾水川燙至脫生，撈出沖涼。

3　麵條放在滾水中煮至8分熟(點一次水即可)後撈出。

4　牛肉過油泡至8分熟，撈出。

5　起油鍋爆香蔥段和薑片，放下鮑魚菇及芥蘭菜，再放下牛肉及調勻的調味料，煮滾後下麵條，拌炒均勻至麵條已熟即可。

安琪老師的小叮嚀

1.要再炒過的麵條不能煮至全熟，七、八分熟的麵條才能再吸收湯汁的鮮味。

2.也可用多量的油將麵條炸至半脆半脆，再將蠔油牛肉的芡與淋上，做成廣東式的炒麵或做成撈麵，做成上海式的兩面黃。

炒木須
拉麵

材料

肉絲120公克　　　筍 1支
水發木耳1杯　　　蔥花1大匙
蛋 1顆　　　　　　拉麵300公克
菠菜120公克

①醬油1/2大匙、太白粉1/2大匙、水1大匙
②醬油1大匙、鹽1/4 茶匙、水1/3杯、胡椒粉少
許、麻油數滴、水1/4杯

做法

(1) 肉絲用調味料①拌勻，醃上10分鐘左右。

(2) 菠菜切成3公分長段，筍煮熟後切絲；蛋加1/4茶匙的鹽打散，先用少許油炒熟、
盛出。

(3) 拉麵放入滾水煮熟，撈出。

(4) 鍋中加2大匙油，先將肉絲下鍋炒至變色，再將蔥花放入炒香，再加入筍絲、木耳
絲炒勻。

(5) 將拉麵放入鍋中，加入蛋碎，並加入調味料②調味，快速炒拌均勻至湯汁將收
乾，放下菠菜再炒一下便可裝盤。

材料	蝦仁120公克	青江菜200公克
	香菇3朵	蔥1支(切段)
	蛋 2個	中拉麵300公克

調味料
①酒1/2茶匙、鹽少許、胡椒粉少許、太白粉1/2茶匙、麻油數滴
②醬油1大匙、鹽1/2茶匙,清湯 1杯

蝦仁炒麵

做法

(1)蝦仁用少許鹽抓拌一下,再以清水洗淨,拌上調味料①,放入冰箱醃20分鐘;香菇泡軟、切絲;蛋打散、煎成蛋皮後再切成絲。

(2)青江菜切段,用2大匙油炒軟,連汁盛出。

(3)麵條放入滾水中煮至一滾即撈出,瀝乾水分。

(4)蝦仁用2大匙油炒熟,盛出,再放下香菇和蔥段炒香,先淋下醬油增香,再加入清湯和鹽,放麵條拌炒均勻,倒下青江菜,蓋上鍋蓋、燜2分鐘使麵入味。

(5)至湯汁將要收乾時,加入蝦仁,一手持筷子、一手拿鏟子,將菜和麵條拌炒均勻。最後撒下蛋皮絲便可裝盤。

番茄紹子炒麵

材料

絞肉150公克	大蒜末1大匙
番茄2個	蘿蔔乾2大匙
香菇3朵	扁麵400公克
蛋2個	清湯4杯
蔥花2大匙	

調味料　醬油2大匙、酒1/2大匙、鹽適量、番茄醬1大匙、胡椒粉少許

做法

(1) 蛋打散，鍋中加油，把蛋炒熟成碎片狀，盛出。

(2) 番茄放入滾水中燙去皮，切成丁狀；香菇泡軟，切小丁，蘿蔔乾泡水去鹹味，擠乾水分，用少許油先將它炒香，盛出。

(3) 鍋中加熱2大匙油，先放下大蒜末炒香，再加入絞肉炒熟，加入香菇和番茄再炒一下，淋下酒和醬油炒勻，加入約1杯水煮3~5分鐘，加鹽、番茄醬和胡椒粉調味，做成紹子料。

(4) 鍋中煮滾水，放下麵條煮至8分熟，挑出麵條、放入紹子料中，再加入蘿蔔乾和炒蛋一起拌炒均勻即可。

安琪老師的小叮嚀

{ 紹子料可以多做一些，做成湯麵或拌麵也都很可口 }

日式 炒烏龍麵

材料

肉絲80公克　　　　烏龍麵200公克
新鮮香菇2朵　　　　清湯1杯
魚板數片　　　　　海苔芝麻鬆或七味
洋蔥1/4個　　　　　粉或辣椒粉少許
高麗菜200公克

調味料　清湯2/3杯、柴魚醬油2大匙、味醂1茶匙、鹽
少許

做法

(1)肉絲用少許醬油、水和太白粉拌醃一下。

(2)香菇切條；洋蔥切絲；魚板切成粗條；高麗菜切寬條。

(3)用2大匙油先炒熟肉絲，盛出。放入洋蔥再炒，炒香後加入香菇和高麗菜炒一下，加入清湯等調味料煮滾。

(4)放入烏龍麵、肉絲和魚板炒勻，蓋上鍋蓋燜煮一下，見烏龍麵回軟即可盛出，隨個人喜好撒上海苔芝麻鬆、七味粉或辣椒粉。

安琪老師的小叮嚀

{ 烏龍麵雖然較粗，但因為是熟麵，炒的時間很短。 }

台式 炒油麵

材料

豬肉絲80公克　　　蔥1支
香菇3朵　　　　　紅蔥頭末1大匙
蝦米1大匙　　　　油麵300公克
胡蘿蔔絲1/2杯　　香菜少許
高麗菜300公克

調味料

① 醬油1茶匙、水1大匙、太白粉1/2 茶匙
② 淡色醬油1大匙、鹽少許、清湯1杯、白胡椒粉
1/4 茶匙、麻油1/2 茶匙

做法

(1) 肉絲用調味料①拌醃一下。

(2) 香菇泡軟，切絲；蝦米洗淨泡軟，摘去頭、腳的硬殼；高麗菜切絲。

(3) 起油鍋用2大匙油先將紅蔥末炒至金黃色，撈出，再放下肉絲炒散。

(4) 繼續放下蔥段、香菇及蝦米炒香，放下胡蘿蔔和高麗菜絲，炒至高麗菜略回軟。

(5) 加入醬油、鹽和清湯(可包括泡香菇的汁)，改小火燜煮1~2分鐘。

(6) 放油麵和紅蔥酥炒拌，至湯汁收乾(火可大些)，撒胡椒粉及麻油，拌勻即可裝盤。

材料

蝦仁80公克
新鮮魷魚1/2條
蟹腿肉8~9條
洋蔥1/4個
胡蘿蔔1小段

小白菜適量
大蒜2粒
油麵200公克
清湯或水3/4杯

**台式海鮮
炒麵**

調味料

① 鹽少許、太白粉少許
② 醬油1/2大匙、鹽適量、胡椒粉適量、麻油
少許、烏醋適量

做法

(1) 蝦仁洗淨、擦乾，和蟹腿肉一起用調味料①拌勻，醃20分鐘。

(2) 新鮮魷魚在內側切橫條紋，約切12條再切斷，再分成1公分寬的長條；洋蔥切
絲；胡蘿蔔切片；小白菜切段；大蒜拍碎。

(3) 起油鍋用2大匙油先炒香大蒜和洋蔥，再加入蝦仁炒熟，放入胡蘿蔔炒一下即
可加入清湯。

(4) 待湯煮滾，放下醬油與鹽、胡椒粉調味，放入油麵、魷魚和蟹腿肉，炒勻後蓋
上鍋蓋，燜煮1~2分鐘。

(5) 加入小白菜段炒一下，關火，滴下麻油與烏醋增香即可。

三鮮兩面黃

調味料

1 鹽1/6 茶匙、太白粉1茶匙
2 醬油1茶匙、太白粉1/2 茶匙、水2茶匙
3 醬油1½ 湯匙、鹽、胡椒粉各少許、麻油1茶匙、太白粉水適量

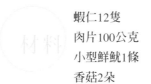

做法

(1) 蝦仁用調味料 1 拌勻,醃20分鐘;肉片用調味料 2 醃20分鐘。

(2) 鮮魷切交叉條紋後,分成4公分寬的片,用水燙一下,撈出。

(3) 香菇泡軟,切絲;青江菜切段;蔥切段。

(4) 麵餅用滾水煮散開,盛出,拌上少許醬油和麻油,用3大匙油煎成兩面金黃的麵餅。盛出,放在盤子上。

(5) 另用油將肉片和蝦仁過油炒熟,盛出,再爆香香菇和蔥段,接著放入青江菜炒軟,加入清湯並調味。

(6) 煮滾後放入蝦仁、肉片和鮮魷,勾芡後滴下麻油,關火,澆在麵上即可。

材料

叉燒肉80公克　　　　蔥1支
蝦仁80公克　　　　　芥蘭菜3支
鮮魷1/2條　　　　　　清湯或水1杯
香菇3朵　　　　　　　雞蛋麵餅4片

調味料

醬油1大匙、鹽1/3茶匙、胡椒粉少許、麻油1/2
茶匙、太白粉水適量

廣州炒麵

做法

(1)叉燒肉切片；蝦仁洗淨、擦乾後，用鹽和太白粉少許拌勻，醃30分鐘。

(2)鮮魷魚切成5公分寬，在外表切橫刀紋，每4刀切斷；芥蘭菜摘好，和鮮魷分別
燙熟。

(3)麵煮熟後，撈出、瀝乾水分，用5大匙油煎脆表面，放在盤上。

(4)用鍋中餘油先炒熟蝦仁，盛出，再爆香蔥段，放下叉燒肉及香菇炒一下，加清
湯煮滾後再加醬油、鹽、胡椒粉調味。

(5)加入蝦仁、鮮魷及芥蘭菜，再滾起後，即可勾芡，淋下麻油、全部澆在麵上。

安琪老師的小叮嚀

{ 一般餐廳用炒麵是用多量的油炸至外層酥脆，瀝淨油後
堆放在大盤中，家庭做時用煎的較省油。 }

沙茶雞肉炒麵

材料

雞腿1支	蔥1支
香菇3朵	薑片2~3片
青花椰菜1/2棵	油麵300公克

調味料

① 醬油1大匙、水2大匙、太白粉1茶匙

② 沙茶醬2大匙、醬油1/2大匙、酒1/2大匙、鹽1/4茶匙、糖1/4茶匙、清湯2/3杯

做法

(1) 雞腿去骨後在肉面上輕輕斬剁數刀,再切成塊,用調味料①拌勻,醃20分鐘。

(2) 香菇泡軟、切成片;青花菜摘成小朵,用熱水川燙一下,撈出、沖涼。

(3) 鍋中熱4大匙油把雞肉炒至8分熟,盛出。

(4) 再將蔥段、薑片和香菇片放入鍋中炒香,先放下沙茶醬,再加入其他的調味料②炒勻,放下雞球、青花椰菜和油麵,挑拌均勻。

(5) 蓋上鍋蓋燜煮1分鐘即可,拌勻盛出。

材料

蟹腿肉100公克　　　韭黃5~6支
鮮香菇5粒　　　　　薑片1~2片
綠豆芽80公克(約1　　意麵200公克
把)200公克

調味料

蠔油1大匙、醬油1/2大匙、糖1/2茶匙、清湯
3/4杯

蠔油蟹肉
炒意麵

做法

(1) 蟹腿肉解凍後需一條條分開，再用約1茶匙太白粉抓拌一下，放入滾水中(水中加蔥、薑和酒先煮滾)，放入後立刻關火，泡約5~10秒鐘撈出，瀝乾。

(2) 香菇切片；韭黃切成3公分段。

(3) 意麵在滾水中燙至散開即刻撈出。

(4) 起油鍋用2大匙油爆炒薑片、香菇、蟹腿肉和銀芽，放下意麵和調味料拌炒，蓋上鍋蓋燜至汁收乾，撒下韭黃段略拌合，關火後裝盤。

安琪老師的小叮嚀

{ 1.廣東炒麵常用的「伊府麵」，在台灣不容易買到，一般常以意麵代替。
2.炒麵中可加的配料很多，也可以在炒麵中加入XO醬，或改成沙茶口味。 }

作　　　　者　程安琪
攝　　　　影　張志銘

發　　行　　人　程安琪
總　　策　　畫　程顯灝
編　輯　顧　問　潘秉新
編　輯　顧　問　錢嘉琪

總　　編　　輯　呂增娣
主　　　　編　李瓊絲
主　　　　編　及若琦
執　行　編　輯　吳小諾
編　　　　輯　李雯倩
編　　　　輯　吳孟蓉
編　　　　輯　程郁庭
美　　　　編　王之義
封　面　設　計　王之義
出　　版　　者　橘子文化事業有限公司

總　　代　　理　三友圖書有限公司
地　　　　址　106台北市安和路2段213號4樓
電　　　　話　(02) 2377-4155
傳　　　　真　(02) 2377-4355
E － m a i l　service@sanyau.com.tw
郵　政　劃　撥　05844889 三友圖書有限公司

http://www.ju-zi.com.tw
橘子&旗林 網路書店

總　經　銷　大和書報圖書股份有限公司
地　　　址　新北市新莊區五工五路2號
電　　　話　(02) 8990-2588
傳　　　真　(02) 2299-7900

初　　　版　2013年4月
定　　　價　299元
I S B N　978-986-6062-35-3

國家圖書館出版預行編目(CIP)資料

百款好麵：涼、拌、湯、炒，一次學會! / 程安琪作. -- 初版. -- 臺北市：橘子文化, 2013.04

　　面；　公分

　ISBN 978-986-6062-35-3(平裝)

　1.麵食食譜 2.烹飪

　　427.38　　　　　　　　　　102005153